客户创意知识获取理论及应用
——以复杂软件系统研发为例

张庆华 著

科学出版社

北京

内 容 简 介

本书共 8 章，阐述了复杂软件系统研发过程中的客户创意知识内涵、来源、模型、方法、影响因素、实际案例等问题，丰富和完善了复杂软件系统研发中客户创意知识获取理论，并为其实践提供借鉴。

本书可供复杂软件系统创意和研发、信息管理、知识管理等领域的教学和科学研究人员、管理人员、工程技术人员，以及管理科学、信息管理、软件工程等专业研究生和高年级本科生阅读参考。

图书在版编目 (CIP) 数据

客户创意知识获取理论及应用：以复杂软件系统研发为例 / 张庆华著.
—北京：科学出版社，2016.1
ISBN 978-7-03-046317-3

Ⅰ. ①客… Ⅱ. ①张… Ⅲ. ①软件工程–研究 Ⅳ. ①TP311.5

中国版本图书馆 CIP 数据核字（2015）第 267762 号

责任编辑：张 震 杨春波 / 责任校对：胡小洁
责任印制：徐晓晨 / 封面设计：无极书装

科 学 出 版 社 出版
北京东黄城根北街 16 号
邮政编码：100717
http://www.sciencep.com

北京中石油彩色印刷有限责任公司 印刷
科学出版社发行 各地新华书店经销

*

2016 年 1 月第 一 版 开本：720×1000 B5
2016 年 1 月第一次印刷 印张：12 3/4
字数：256 000
定价：75.00 元
（如有印装质量问题，我社负责调换）

前　言

　　本书是基于知识获取、知识情境、客户知识等理论，利用社会网络、系统分析、结构方程、案例分析等方法，对客户创意知识内涵、来源，以及客户创意知识获取的模型、方法、影响因素及策略等问题进行全面深入研究的一本专著，不仅丰富和完善了客户创意知识获取的理论基础，而且从实际案例角度对其应用进行系统阐述。本书是国家科技支撑计划项目"在线动漫游戏与虚拟仿真技术集成应用系统"（批准号：2012BAH66F00）研究成果的组成部分。

　　创意不仅是创新的先决条件，而且是现代组织的核心竞争要素。然而，创意的形成与实现，需要来自组织内外部的大量与创意关联的知识支持。伴随着 von Hippel "领先用户" 概念的提出，软件企业充分地认识到，获取支持创意的客户知识，对复杂软件系统研发早期阶段更好地激发、验证和完善创意极端重要，是软件企业创新过程中一项重要而急迫的任务。因此，针对复杂软件系统创意知识空间缺口，现有或者潜在客户拥有的以及研发团队与客户交互过程中产生的，能够支持复杂软件系统创意产生、形成和完善的各种相关知识，就形成了客户创意知识。客户创意知识能够在研发团队与客户之间双向流动与转化，不仅对软件研发早期阶段更好地激发、验证和完善创意极端重要，也提升了软件创新的效率和效果。

　　"在线动漫游戏与虚拟仿真技术集成应用系统"本身就是一个复杂软件系统，其创意和构建过程需要客户创意知识的支撑。一方面，该项目是利用组件化、参数化等方式，通过交互成像系统，用物联网进行传感，在云计算服务平台支持下，实时处理大量的图形数据，进行大规模、多用户在线协同设计的集成应用系统，具有相当的复杂性和疑难性，需要充分吸收客户有关于文化环境、技术特点、业务需求方面知识，不断完善系统设计方案；另一方面，集成应用系统还需要为动漫企业群提供创意知识服务，实现以游戏动漫和虚拟仿真技术在设计、制造、科普、教育、体育、建筑、旅游、商务等领域的集成应用创新和模式创新，需要充分吸收客户有关功能需求、行为和偏好知识及操作体验的知识，降低复杂软件系统开发成本和难度，缩短研发周期。

　　因此，客户创意知识获取的深入研究尤为重要，是该项目的基础研究工作之一。出于研究成果普遍适应性目的，本书以复杂软件系统为例，不仅适用"在线动漫游戏与虚拟仿真技术集成应用系统"项目，而且对同类大型软件企业创新过程中复杂软件系统的研发质量和效率提升同样有借鉴意义。

然而，客户创意知识获取的问题涉及社会科学、信息科学、系统科学等诸多学科，具有相当的复杂性和疑难性。究竟什么是复杂软件系统研发中的客户创意知识？以复杂软件系统研发过程为例，客户创意知识从哪里取得？客户创意知识获取基于怎样的基本原理？如何构建模型来描述客户创意知识获取过程？客户创意知识获取有哪些方法？哪些因素影响了客户创意知识获取？在现实环境中，客户创意知识获取的情况如何？如何改进客户创意知识获取行为？对这些问题的分析和解答，也将有助于提高客户创意知识的基本认知，同时也为客户创意知识获取方法的实现提供重要参考和依据。本书全面回答上述问题。

本书不仅重视规范的实证研究，而且利用案例研究进行印证。前者对客户创意知识获取影响因素的基础理论、概念模型、量表设计、变量测度、数据分析及处理等各个环节进行系统分析、归纳和总结；后者对提炼出两个案例，采用案例分析法，详细分析复杂软件系统研发过程中客户创意知识获取的过程、场景和事实，印证所提出的理论和方法。

本书内容涉及信息技术学、社会心理学、经济学、社会学等多个学科，除了基本理论外，还包括对客户创意知识获取的模式和应用的研究，为知识管理理论研究和知识工程实践工作提供了参考，可供复杂软件系统创意和研发、信息管理、知识管理等领域的教学和科学研究人员、管理人员和工程技术人员，以及管理科学、信息管理、软件工程等专业研究生和高年级本科生阅读参考。

本书凝结了研究团队的集体智慧。全书的主要内容撰写由笔者完成，彭晓英、陈江北、王刚、张娣、陆慧等为本书的撰写提供了大量帮助，在访谈调研中提供了便利条件，并提出了诸多宝贵意见。特别是彭晓英在本书大量素材的整理、校对方面做了很多工作，统稿和校对由张庆华完成。

在本书的撰写过程中，笔者参阅并引用了许多学者的研究文献，再次表示感谢。感谢黑龙江科技大学青年才俊培养计划对本书出版的部分资助。

由于理论水平和实践经验有限，书中难免有不当和疏漏之处，望广大读者批评指正。

张庆华

2015 年 8 月于黑龙江科技大学

目　　录

1 绪 论

1.1 背 景 分 析

    软件产业一直都是高新技术产业的重要组成部分,以高附加值、高科技水平的特点,渗透到国民经济和社会生活生产的各个方面。软件产业的高端产品——复杂软件系统,如操作系统、大型 ERP(enterprise resource planning,企业资源计划)系统、证券交易系统、金融反欺诈系统等,由于其研发过程具有的知识密集、技术密集、人才密集、资本密集特征,在国家经济生活中发挥重要作用。

    通常情况下,人们关注复杂软件系统技术层面,如非线性系统形成的结构复杂性、多样化业务流程形成的操作界面复杂性、大量用户定制形成的模块内嵌等技术问题,但对于复杂软件系统创意层面,包括设计、理念、精神、心理、增值服务等问题缺乏足够的重视。然而,微软、苹果、甲骨文等国外大型企业的复杂软件系统研发实践表明,软件创意对于提升产品市场绩效产生了巨大作用。如苹果公司 iPod 播放器设计、谷歌公司产品在线测试等成功的例子中,都可以看到软件创意所起到的重要作用。

    复杂软件系统创意,涉及结构创意、性能创意、行为创意等,不仅需要组织内部的各职能部门专业知识、组织外部的行业领域知识,更需要来自于客户并可以支持复杂软件系统创意产生与完善的知识。一方面,复杂软件系统涉及客户订制部件的大量功能创意,直接需求来自客户,并且最终接受客户检验,即需要客户创意知识的支持;另一方面,复杂软件系统行为具有非线性特征,其研发生命周期较长,在此过程中可能有难以预测或未曾估计的事件发生,意味着复杂软件系统创意需要满足客户对未来产品系统应用的预期,符合客户在特定情况下的行为特征和模式,并能灵活适应系统可能遇到的各种突发事件,因此需要连续不断的客户创意知识支持。基于上述原因,越来越多企业认识到客户创意知识的重要性,逐步将获取的客户创意知识运用到企业复杂产品研发实践中,使复杂软件系统以更快的速度、更低的成本、更新颖的理念、更高的客户满意度推向市场。

    因此,客户创意知识对复杂软件系统创意从产生到完善至关重要,复杂软系统研发过程中的客户创意知识获取问题，成为了大型软件企业创新过程中的亟待解决的重要任务之一，对复杂软件系统研发质量提升意义重大。

复杂软件系统创意，需要大量相关知识的支持。其中，获取组织外部客户的多学科、多层次创意知识，对复杂软件系统创意从产生到完善的过程至关重要。然而，由于客户创意知识获取的问题涉及社会科学、信息科学、系统科学等诸多学科，具有相当的复杂性和疑难性。伴随着客户创意知识获取任务在企业实践中不断增多，客户创意知识获取过程的诸多问题和不足也渐渐显现出来，对复杂软件系统研发过程中的客户创意知识获取理论和方法的深入研究变得越来越迫切。经过对大量现有文献的分析和梳理，以及对现场实地走访调研，发现对几个方面的内容需要深入分析和探索：

（1）什么是复杂软件系统研发中的客户创意知识？客户创意知识来自于外部客户，反映客户对于复杂软件创意有关的知识，因此具有客户知识的部分特征。然而，现有文献对复杂软件系统创意、复杂软件系统客户的界定模糊，客户创意知识具体构成尚不明确，没有一种清晰的定义，其特征和分类体系也亟待研究。

（2）复杂软件系统研发中的客户创意知识从哪里取得？在客户创意知识获取过程中，研发团队不可能与所有客户联系，否则将耗费大量财力、物力和时间。为了提升复杂软件系统研发中客户创意知识获取的效率和效果，研发团队需要识别出对客户创意知识贡献大的重要客户，并从这些重要客户中进行遴选，形成客户创意知识最重要的来源。同时要考虑到，客户创意知识可存在于特定个体客户身上，也可分散于整个客户网络中。因此，在客户创意知识获取视角下，采用什么指标体系，以及如何识别出重要客户，都成为客户创意知识获取需要迫切解决的问题。

（3）复杂软件系统研发中的客户创意知识获取基于怎样的基本原理？如何构建模型来描述客户创意知识获取过程？客户创意知识获取不仅是一个获取行为和动作，更重要的是要考虑获取方与提供方的知识需求匹配度，满足知识获取目标、性质、类型、内容，使知识获取的行为既有效率又有效果。而且，客户创意知识自身性质决定了其获取过程很难编码后自动化地获取，需要结合知识情境理论进行解释。然而，现有知识情境理论仅就知识转移框架做了粗略描述，缺少对知识情境交互机理的详细分析，更没有形式化分析和测量知识情境交互过程，缺乏系统性模型对客户创意知识获取过程进行合理解释。

（4）复杂软件系统研发中的客户创意知识获取有哪些方法？知识获取方法存在多种不同类型，具体差异很大。具体每种客户创意知识获取方法使用前提条件是什么，各自具有怎样的优势，又怎样进行组合应用等问题，都值得深入分析和研究。另外，这些客户创意知识获取方法能否融合成为一个集成方法框架，提升客户创意知识获取的效率与效果。

（5）哪些因素影响了复杂软件系统研发中的客户创意知识获取？本书的研究结果能否得到实际案例的印证？学者已经对知识转移相关影响因素进行了深入分析，但对知识获取影响因素研究较为鲜见，而且缺乏对知识情境要素的考虑。在复杂软件系统研发中，客户创意知识获取究竟涉及哪些关键影响要素？要素与要素之间、要素与客户创意知识获取之间的影响程度和方向如何？另外，本书的研究结果能否在企业实际案例得到印证，这些问题都关系到复杂软件系统研发中客户创意知识获取研究的可靠性。

（6）如何改进复杂软件系统研发中的客户创意知识获取行为？复杂软件系统研发中客户创意知识获取的研究，当前无论理论探讨层面还是实践操作层面都不完善，尚处于起步阶段。在了解复杂软件系统研发中客户创意知识的内涵、来源、模型、影响因素、实际案例后，尚需要从哪些方面进一步提出改进策略，以整体认识代替局部认识，不断提升客户创意知识获取的效率和效果，又是一个重要而急迫的问题。

1.2　本书研究目的和意义

1.2.1　研究目的

本书的研究基于知识获取、知识情境、客户知识、社会网络分析、开放式创新、委托代理博弈、知识本体等相关领域理论和研究方法，以复杂软件系统研发过程为背景，以客户创意知识获取为研究对象，目的在于：

（1）探索客户创意知识获取的理论基础；

（2）研究并建立客户创意知识核心概念；

（3）揭示客户创意知识获取的知识情境交互过程，建立基于知识情境交互的客户创意知识获取模型；

（4）探析客户创意知识获取过程中的委托代理博弈规则，并构建重要客户激励模型；

（5）论证客户创意知识获取的不同方法，构建基于知识情境交互的客户创意知识获取集成方法平台；

（6）验证客户创意知识获取与其影响因素的关系；

（7）在以上分析的基础上，详细探讨客户创意知识获取的改进策略。

1.2.2 研究意义

理论意义：

（1）拓展知识获取理论研究深度。从知识情境理论角度对现有知识获取理论进行扩展，通过对复杂软件系统研发中客户创意知识获取的核心概念分析、知识源选择、知识情境交互过程、知识获取模型、知识获取影响因素及实际案例等进行深入研究，进一步完善和丰富知识获取的理论研究。

（2）为复杂软件系统研发中客户创意知识获取提供方法借鉴。鉴于客户创意知识的复杂性、隐含性、模糊性、抽象性特征，本书基于知识情境理论，综合运用基于信息技术、智能计算、社会网络等客户创意知识获取方法，形成客户创意知识获取集成方法平台，突破复杂软件系统研发中客户创意知识获取的技术困难，为客户创意知识深入获取和相关研究提供借鉴方法。

（3）促进客户创意知识获取跨学科交叉研究。本书运用客户知识理论和社会网络理论进行重要客户识别研究；利用知识情境理论进行知识情境差异分析匹配，构建客户创意知识获取模型；从委托代理角度构建客户创意知识获取的激励模型；使用知识本体理论进行客户创意知识获取方法研究。多种理论融合应用，拓展客户创意知识研究广度，促进跨学科的交叉研究。

现实意义：

（1）有助于复杂软件系统研发团队成员正确分析客户创意知识类型、识别重要客户、明确客户创意知识的知识需求和获取途径，降低复杂软件系统开发中客户创意知识获取的成本和难度，缩短研发周期，提升复杂软件系统研发中客户创意知识获取的效率和效果。

（2）有助于复杂软件系统研发团队利用本书提及的重要客户识别方法，从客户创意知识贡献和社会网络的综合视角对客户进行定义和分类，对重要客户进行合理管理并制定激励机制，加强客户联系，增加客户黏性，进而获取更多高质量的客户创意知识。

（3）有助于在同类软件企业中进行推广，基于知识情境交互构建更加完善的复杂软件系统知识情境体验平台，并扩展到研发团队内外部的其他参与者，获取更多其他领域和类型的创意知识，为复杂软件系统创意提供多角度、多层次的创意知识支撑。

1.3 国内外相关理论与方法综述

复杂软件系统研发过程中的客户创意知识获取在国内外研究较少，但在复杂软件系统、创意知识、知识获取等相关理论方面，学术界进行了一定探讨。本书将对复杂软件系统和创意知识文献进行简短描述，对知识获取概念、模式、方法、影响因素等进行梳理与回顾。

1.3.1 复杂软件系统研究综述

复杂软件系统是 Hansen（1998）和 Hobday（1998）所提出的复杂产品系统的分支。Ren 和 Yeo（2006）根据复杂产品系统是否具有内嵌集成系统，把复杂产品系统分为复杂产品（complex products）与复杂系统（complex systems）。复杂系统关注系统行为、系统与环境的关系及各子系统之间的关系、能量和信息交换等复杂性研究，广泛应用于军事、制造、工程、生物、经济等领域。其中，复杂软件系统就是软件工程领域的应用。

1.3.1.1 复杂软件系统的理论研究

复杂软件系统的探讨起源于对 ULSS 超大规模系统、大规模复杂 IT 系统的研究。超大规模系统由 Northrop（2006）首先提出，英国学者 Cliff（2012）提出了大规模复杂 IT 系统概念，着重强调其社会技术系统特征，对复杂软件系统进行了更为细致的定义，认为复杂软件系统是一种以大规模硬件设施、软件平台和海量数据为依托，以分布式、异构性、不连续性操作为行为特征，以处理客户的复杂关联且频繁变化的业务逻辑为核心任务，具备技术匹配、自主进化、容忍缺陷而稳定运行等关键能力，在客户深度参与的社会情境下，满足客户多种专业化信息需求的复杂社会技术系统。

复杂软件系统具有四个方面特征。一是用户中心性。复杂产品系统的开发和使用始终以客户为中心，清晰阐述客户需求，并且按照客户需求反复与改动。Norman（1986）指出，以评估和提高产品和服务可用性质量为目的的一系列过程、方法、技术和标准，其核心是贯穿于产品生命周期各阶段的以用户为中心的设计方法（user centered design，UCD）。二是行为复杂性。Holland（1998）认为，复杂软件系统之所以复杂，关键是其系统本身是由众多子系统构成的，子系统的集合性质不等同于整个系统的性质，将"涌现"出一系列子系统所不具有的新特征和新行为。Feiler（2006）在研究了软件工程的发展现状后指出，信息爆炸、技术整合以及软件从密集性系统不断地朝大规模系统的演进，对复杂软件系统的开发过程和质量提出了很高的要求。三是组织开放性。苏俊（2001）认为复杂软件系统作为一种知识、技术和人力密集的复杂产品开发过程，在计算模式上，综合运用全球范围丰富的计算资源，实现网络分布式计算处理的互协同；建设方法上，采用外包、联盟、并购等更积极的手段；在项目组织上，强调项目团队构成背景的多样性，由不同主体、跨学科的成员组成，其组织文化、经验等存在较大的差异，使组织加强了原有的社会资本。四是系统演进性。Dittrich（2007）指出，由于外部环境和用户需求的动态变化，复杂软件系统开发不可能一次性完成，总是建立在不断完善的基础上，开发过程依赖于人的创造性而非固定的开发过程，能够更好地应对不确定外部世界所带来的挑战。

1.3.1.2　复杂软件系统的应用研究

复杂软件系统研究的根本目的是指导系统开发实践活动。通过中国知网和Web of Science 网近 10 年来发表的论文看，明确以复杂软件系统为主题的文献分别有 253 篇和 733 篇，主要反映四个方面内容，基于部件开发的软件标准、增强软件互操作的中间件、软件体系结构、体系结构框架。这些研究集中在采用大粒度功能部件来合成软件系统上，相互之间既有补充又有相互重叠。

复杂软件系统开发过程采用 Jacobson（1998）创立 RUP（rational unified process，统一软件开发过程）。RUP 是综合了各种开发过程和技术的统一体，是面向对象的软件开发过程。RUP 使用统一建模语言进行系统分析和设计，全面考虑软件开发的技术因素，是一种良好的开发模式，突出特点包括用例驱动、以构架为中心、迭代和增量开发，符合复杂软件系统特征。按统一过程的时间维度，由 4个迭代过程组成：先启阶段、细化阶段、构造阶段、产品化。在应用问题上，很多学者对复杂软件系统在复杂软件系统质量和效果的社会问题、外部环境动态性问题、分布式团队协同和情境感知问题、敏捷设计和用户参与问题等进行了广泛研究，得出了很多不同于传统软件研发和管理的结果。

1.3.2　创意知识与客户创意知识研究综述

有关创意知识、客户创意知识的研究，现有大部分文献来自机械工程、工业设计、新产品开发、美术工艺等领域，近年应用范围有不断扩大的趋势，但软件开发中创意知识研究比较鲜见。

1.3.2.1　创意知识研究

Farid-Foad（1993）认为，创意是新的、有价值想法的涌现，或已存在的想法在新情境下的应用，是运用可信的方式，与以前无关联事物所建立的新颖而有意义关系的艺术。Kitchenham（2010）认为在工业设计相关领域，由酝酿到概念形成的创意过程融入新产品开发的整个过程，是依靠开发团队合作而非个人独创的成果。蒋雯（2004）认为创意过程是围绕概念形成的知识整合过程，包括目标设定、概念发展、概念选择、概念描述、联想参照、形成概念意象等各个环节。孙斌（2009）将创意过程划分为初创创意、共享创意、测试创意、完善创意、创意产品化。刘征（2011）认为创意过程具有多领域复合特征，包含社会管理、开发策略、工程技术、心理认知多个层次，划分为商业需求转化为设计策略的创意前期、将设计策略转化为设计概念的过程创意中期、将设计概念转化为新产品的创意后期等三个阶段。

支持创意形成和发展的创意知识，作用是激发软件开发过程中创意涌现、促进概念生成、验证创意可行性。创意知识具有与其他类型知识明显不同的特点。第一个特点，创意知识具有高度的精神性和动态性。创意知识强调精神价值，是哲学、艺术、美学、文化的延伸和物化；创意知识可以随环境的变化进行演变，不断拓展和深化知识空间。第二个特点，创意知识具有隐含性，不仅很难清楚地表达，而且也难以对其统一编码记录。第三个特点，高度复杂性。刘征（2011）认为创意知识是一种高度知识密集型的工作过程，其中不仅包括大量科学、工程技术，而且需要哲学、美学、艺术、文化等各种知识。另外，不同产业、不同企业、不同产品创意具有不同的模式和特点，需要不同的创意知识。

有学者从创意知识的构成上，把创意知识划分成静态知识和动态知识。孙斌等（2010）认为静态创意知识包括初始创意知识，是来自于组织内部的个体的深度隐性知识和生活体验，促成一种广泛性的灵感激发；目标知识，是对创意的一个整体的框架设定，如 Nonaka 提到新型丰田汽车的研制；形成执行方案的支撑性知识，又划分为技术性、业务性、战略性三类。在技术方面，姜娉娉（2005）认为包括产品方案知识、设计知识、过程处理知识、产品匹配知识、方案评价知识。其中设计知识主要通过设计人员的经验、产品的功能结构、设计过程的模式信息（包括模式的类型、结构、在产品方案中的作用及模式中功能表面的类型等）、专家系统和信息查询等多渠道获取。在业务方面，吴讯（2011）认为客户需求知识主要由需求知识专家，通过理解业务过程来发现和捕获用户需求。在战略方面，包括竞争对手的知识、合作科研机构的知识、供应商的知识等。岳忱瑞（2010）认为这部分知识是支持创意的开放性知识和外部知识，其获取的手段是通过开放的数据库、文献、报刊、书籍、互联网，甚至通过知识产权的交易、知识和技术联盟的方法。动态创意以自然语言、文字、图标，特别是构思草图的形式存在。

1.3.2.2 客户创意知识研究

客户创意知识的概念在国内外比较鲜见，现有研究也存在一定争议，尚不明晰。其中，一种代表性观点认为，客户创意知识产生决定于客户多样性的创意。如邢青松、杨育（2012）等将客户创意知识分为外形创意知识、功能创意知识、工艺创意知识，以及和结构创意知识相匹配的概念、规则和实例等。另一种观点认为，客户创意知识是客户与企业组织知识双向流动与转化的结果。如宋李俊（2009）则将客户创意知识分为显性和隐性两种。其中显性知识主要包括客户对产品的功能需求、改进方案、设计思路等，隐性知识则是一种高度个人化的知识，以及是一种主观的、基于长期经验积累的信息，表现为技能、诀窍和心智模式等。

客户创意知识的来源与开放式创新、用户创新、客户协同创新等研究紧密相关。在开放式创新环境中，von Hippel 认为，"领先用户"是指具有丰富的生活经历和产品使用经验，对企业和竞争对手的产品都有足够的了解的客户。陈钰芬（2008）认为由于客户成为了创新主体，直接参与新产品的设计与开发过程，企业就能快速获取客户提供的产品需求知识、新产品设想、原型设计方案，因此许多重要的创新开始由领先用户提出新产品的概念。目前，世界软件巨头微软也将公司全球战略转变为"客户主导创新"，在软件设计中非常注重对用户需求知识的精确把握。在开放式创新环境下，客户创意知识甚至可以直接"打包"获取，如苹果公司 App Store 模式，就是一种典型的开放式创新。

1.3.3   知识获取理论与方法研究综述

1.3.3.1   知识获取概念研究

知识获取概念具有跨学科特征，因学科不同其差异很大。

早期知识获取研究集中在人工智能领域，包括狭义和广义两个层面。狭义知识获取指知识工程师利用知识表示技术，建立知识库，使专家系统获取知识，也称人工知识获取；广义知识获取指使用机器自动或半自动地从外部环境获取知识，对知识库进行维护和更新。因此，正如韦于莉（2004）指出，早期知识获取是知识从外部知识源转移至计算机内部的过程，即从专家头脑中和其他知识源中，提取帮助问题求解的知识，并以适当方法表示后转移到计算机中的过程。

知识被视为重要生产要素后，管理学界对知识获取进行了广泛研究。目前，管理学界持有两类不同观点，即知识管理过程观和知识运作过程观。

持第一种观点的学者认为，知识获取与知识转移、知识共享、知识扩散等概念密不可分，是知识转移过程的一部分，应该通过对知识转移概念的分析，帮助理解知识获取概念。Gilbert（1996）认为知识获取是基于组织学习的动态过程，包括知识采用和接受环节；Beyerlein（2000）认为知识转移包括传递与散播两个动作，其中内隐知识依靠人际合作完成转移，外显知识利用数据库、书本、档案索引系统、软件技术等媒介完成转移。持此类观点的学者普遍认为，知识管理主要活动是知识获取、知识转移和知识创新过程，其中知识获取是知识转移与创新的前提，在知识管理整个过程中地位至关重要。

持有第二种观点的学者认为，知识获取为企业获得知识的过程，是知识运作过程的前端。王众托（2011）则认为，当前学者过多关注知识管理过程，而忽视了对知识运作过程的研究。知识的运作过程包括知识获取、知识创新、知识应用等阶段，而知识获取阶段可以细分为知识需求、知识识别、知识接收、知识筛选等具体过程。

1.3.3.2　知识获取模式研究

国内学者和实业界对知识获取模式都开展了比较深入的研究，并取得了一些成果，形成特色各异的知识获取模式。

沈琦（1992）提出了知识获取的螺旋迭代模式，认为知识获取与软件开发系统构建过程类似，即每个阶段都通过迭代方式丰富该阶段上的问题解决知识，解决过程有几个阶段就出现几个单螺旋，最终由这几个单螺旋形成一个多螺旋周期。多螺旋思想是通过划分领域问题的解决过程，使各阶段上问题解决的知识用一个单螺旋方式来获取，集中存放。

Becerra（2000）认为"寻人"模式是一种组织内部隐性知识的显性化存储，目的是在遇到特殊问题时能够及时获取组织内部专家的知识。这种模式在企业应用中较为广泛。HP 公司的 CONNEX 系统通过组成特征字段，或者浏览知识、地区、姓名的分类，CONNEX 用户能在数据库中搜索到 HP 内部专家。Microsoft 公司的 SpuD 系统满足不同 IT 项目组的在线工作特性数据库，帮助匹配雇员工作。

Chen Lina（2003）指出知识地图的导航、提示内隐性、表现关系的三大功能，反映了知识地图对隐性知识获取的独特优势。赵国庆（2009）研究利用概念图沉淀隐性知识，通过对知识结构的描述反映人类认知过程，将学习资源相互整合，通过知识导航帮助获取所需的知识。

王燕（2009）提出了面向领域的数据驱动自主式知识获取模式，将数据挖掘视为知识转换的过程，把用户的兴趣度、领域先验知识及约束等连同原始数据一起，作为数据挖掘的输入，从而形成了面向领域的数据驱动自主式知识获取模式。Li（2009）研究了信息系统应用特征后，提出数据挖掘成为从数据库和互联网资源中获取知识的重要手段，认为这种自动抽取的知识具有大量性、新颖性、粗糙性、时效性等特点。周翼（2010）针对创新设计过程中所需要的知识，采用数据挖掘方法进行知识获取，拓展知识获取的广度和深度。

王怀芹和刘友华（2011）对比研究了传统环境下知识获取模式与社会网络环境下知识获取模式的差异，发现该模式具有信息源多样性、获取结果先进性、客户体验扩大型的优势。

范少萍和郑春厚（2011）从行为心理学角度上，提出知识获取的行为-心理模式，认为用户在获取利用知识时也是遵循行为-心理基本规律。曹文杰等（2010）总结了集群学习知识获取模式并分析其弊端，指出跨集群学习模式的确可以改善集群企业的知识获取状况，为持续创新提供源源不断的知识供给。

1.3.3.3　知识获取影响因素研究

知识获取与知识转移的关系密不可分，知识转移影响因素也会作用到知识获取过程中。Szulanski（1996）的研究表明，四种因素影响知识转移，即知识特征、知识源、知识获取方、知识转移的知识情境。

其一是知识特征因素。von Hippel（1988）、Reed（1990）、Teece（1998）等众多学者对知识特征进行了探讨，涉及知识黏滞性、因果模糊性、内隐性、专属性、复杂性、路径依赖性。他们认为，知识黏滞性是知识转移过程中必须付出的成本，知识获取难度与知识黏滞性成正相关；因果模糊性起源于不确定性，会导致人们无法理解知识内涵，特别是高度内隐的经验和技巧；知识内隐性体现在大多数与生产相关的知识上，在组织内转移非常困难。专属性的程度越高则获取效率越低，知识复杂程度越高，则越能有效阻止模仿行为；知识路径依赖性使知识无法在另一个环境被复制，是知识转移的重要影响因素。

其二是知识源因素。Inkpen（2000）认为知识必须在取得后才能被获取。在组织内外部的知识获取过程中，知识获取的效率和效果取决于知识源和获取方之间的知识落差。

其三是知识获取方因素。Cohen 和 Levinthal（1990）测试了吸收能力在企业间学习的作用，发现三个因素影响知识获取：知识识别和评估能力、消化新知识能力、利用知识能力。Tsang（1999）指出，虽然学习动机并不是学习必不可少的条件，但在经验知识的学习上，学习动机是有效知识获取的第一步。

其四是知识转移情境因素。徐金发等（2003）分析了知识情境与知识转移的关系，提出企业知识转移的情境模型和相应的两种知识情境模式。祁红梅和黄瑞华（2008）以探索性研究实证分析了知识转移中影响知识获取绩效的组织因素实证了组织情境因素对知识获取绩效影响中内在动机和外在动机。

在 Szulanski（1996）提到的四种因素之外，很多学者注意到社会网络对知识获取效果的影响作用。Yli-Renko（2001）在对新创企业的研究中发现，社会关系和网络与知识获取具有正向关系。Nerkar 和 Paruchuri（2008）的研究发现，创新者与其他人的直接连接决定了其在知识网络中的结构洞宽度，以及程度中心度大小。马费成和王晓光（2006）研究证实可以通过社会网络的方法，有效地进行企业间的知识获取和转移。Kijkuit 和 Eude（2010）和 Simon 和 Tellier（2011）对不确定环境下新产品开发模糊前端的研究证实，企业内部成员与不同组织的熟人沟通，将能有效提升知识获取效果。

除此以外，Cross（2000）认为同事在工作中相互交往产生信任，这种社会资本使得员工能够从同事那里获得关于未来发展的有益的帮助或建议。陈士俊和杨钊（2008）研究了软件开发团队中的信任问题，并就信任对软件团队知识获取的影响进行了分析。李自杰等（2010）从合资企业母公司之间的信任关系出发，研究合资企业间信任关系对中方公司知识获取的影响。

陈伟和付振通（2013）则直接研究了复杂产品系统创新中知识获取影响因素，发现知识嵌入性、知识可表达性、知识的异质性、沟通机制、激励措施、动机与意愿、知识转移能力、知识吸收能力、知识挖掘能力、知识识别能力是重要影响因素，而知识搜索能力、信息技术能力对知识获取的影响不显著。

1.3.3.4 知识获取方法研究

1）基于信息技术视角

随着技术的不断发展，知识获取重点从显性知识获取效率和重用能力，逐渐转变到隐性知识获取效果和支持创新能力，经历了 XML 和 Web 技术、数据挖掘技术、本体和语义 Web 技术等发展阶段。

XML 和 Web 技术为表现出的可扩展性、自描述性和异构性等优点，为知识获取提供了新方法。Rezayat（2000）分析了企业产品分布式设计和开发环境特征后，认为 XML 技术来提升公司内部知识重用的效率。Yooa（2002）的研究表明，基于 Web 的知识获取技术开始成为主流，大量地将其应用于企业的产品数据管理中。夏火松（2005）提出了基于 XML 的客户知识获取与共享模型的总体框架的各组件及功能，改善以客户为中心的 CRM 应用。

Web 2.0 技术充分重视隐性知识获取和转移的效率，在降低技术应用难度的同时，提高数据一致性并增强对用户需求响应度，从而增加了商业价值。Tserng 和 Lin（2004）提出以 Web 2.0 平台上参与人为核心，不仅促进显性知识流动，同时促进了隐性知识的流动。刘勇军和聂规划（2006）提出了基于 Web Service 的知识管理系统，探讨了利用 Web Service 技术来实现透明柔性的分布式知识获取的可能。Heath 和 Enrico（2008）把 Web 2.0 技术作为工具、手段，把挖掘信息转为知识，由被动地接受知识信息到主动地挖掘、聚合与创新知识。何忠秀和王霜文（2010）提出了基于 Web 的多渠道客户需求知识获取，从客户浏览方式、客户对产品的查询、站内 BBS 和客户投诉 4 种渠道，交互性地获取需求信息，并构建客户关注度矩阵和用户满意度矩阵，从多渠道获取客户关注度和客户满意度。

然而，企业大量复杂的知识，必须探索更加实用的多种形式知识表示。学者逐步意识到，要想在一个在分布式和多变的环境中，较为完美地解决企业拥有的知识，特别是隐性知识的识别、获得、共享、存储、重用问题，并且使其与工作情境紧密关联，就必须使用本体的概念。众多学者纷纷提出基于本体技术的知识获取模型，把本体技术引入知识获取过程中。王卫东和王英林（2004）分析了网络环境下知识获取的过程，提出了基于企业概念本体的知识获取，并阐述了知识获取系统的整体框架及其特点。在本体研究的基础上，卢林兰和李明（2007）提出了一种基于本体的多库知识获取（OBMDKA）方法，按知识分类进行领域本体查询，增加了查找精度。Han 和 Park（2009）指出，利用企业本体可以清晰描述概念以及他们之间的关系，保持领域概念与过程概念的直接或间接关系，管理过程中的参与者获得的将是网络化的高度复杂知识，而非单一水平知识。郑东霞等（2011）则以船舶领域作为背景，深入探讨了基于本体技术开展知识获取，并进行实例分析，运用本体表示法对船舶领域知识进行表示，进而实现知识的半自动化获取，验证了基于本体的知识获取方法的效率。

2）基于社会网络视角

Lee（2000）认为把潜在知识从一个人或者一个组织转移到另一个人或另一个组织的最好办法不是通过数据库，而是通过人际关系。利用社会网络来进行知识获取，其主要优势在于利用正式网络或者非正式网络中的人际关系，更加方便地获取组织内外部的经验、技能、想法等隐性知识，这表现出了社会网络在知识获取过程中的内隐性。硅谷的经验也表明，合理利用社会网络可以有效地促进技术和知识传递。硅谷工程师通过庞大的非正式网络相互沟通，如在硅谷的酒吧进行私下的技术研讨。依靠非正式渠道，硅谷逐步形成了知识传递和创新的基础。

社会网络下具体知识获取可以使用面对面会谈、师徒传承、专家地图、团队讨论法、实践社区等主要方法。

余光胜等（2006）认为只有亲临现场、共同在场、互动沟通的面对面沟通方式，才能有效地传递与分享隐性知识。社会网络的连接越强，就越容易获取信任，同时越容易进行知识获取。

张庆普和李志起（2002）认为熟练员工和专家的多数操作技能、诀窍和经验很难用语言和文字准确、全面地表达出来，需要通过观察、模仿和不断实践，需要采用"手把手"的师徒传承来获取。企业可以创建各种条件，通过依靠熟练员工言传身教培训新员工来获得这种知识。马捷（2007）指出，获取企业专家知识，在相关人力资源培训或非正式学习场合中加以运用，可以优化受训人员思维模式、积累受训人员间接工作经验。

刘彤和时艳琴（2010）研究了专家地图与社会网络的结合，发现实质上就是以专家为节点的知识网络，通过对专家所具有的知识及各种技能进行显性化的标引，能很好地实现一种通用、直观的方式将散落的专家知识汇集、管理并予以呈现，实现专家的定位功能。

王江（2008）提出以社会网络环境为背景的团队讨论法，可以深入获取知识，认为小组能够开发出比个体更具创造性的解决问题的方案。王学东（2008）从社会网络角度研究了如何通过社会网络获取客户知识，充分获取和挖掘客户知识资源，特别是隐性客户知识资源。

Wenger（2010）从过程和结构的角度定义实践社区为群体自愿学习的过程，其作用是为更好地完成任务而提供的学习场合。刘丽华（2010）认为实践社区实际上是员工自发的非正式交流场所，通过这种方式使以意会的形式存在于个人中的知识进行获取和利用，并转化为组织知识，进而获得竞争优势。

3）基于复合网络视角

在知识获取方面，信息技术方法、社会网络方法均有一定的适用条件，作用效果各有千秋，无法相互替代。然而，进入2009年后，伴随着Web 2.0技术的成熟，开始形成基于社会网络与信息技术网络相融合的复合网络，为知识获取方法、技术和工具的研究提出了新的思路。

王众托（2007）认为，基于社会网络与信息技术网络的融合，使网络信息控制权从自上而下的少数人集中控制体系，转变为自下而上的集体智慧分布控制体系。它的内在动力来源是将互联网的主导权交还给个人，使得个人对社群产生重大影响，同时充分挖掘了用户参与积极性，提升整个互联网的创造力水平。具体应用如博客、播客、Wiki、RSS等，满足了人们对个性化知识访问与获取的需要，如长尾、根本信任、用户参与评价、六度分隔等重要思想日渐渗入组织文化中，为组织进行自下而上的变革提供了机遇。

Qiao（2009）从社会网络视角对KMS的使用进行了研究，用社会资本理论建立了社会关系结构和它的三个维度，证明社会关系维度对用户使用KMS的重要性。Jason（2009）认识到博客的知识情境差异性，可能导致传播的知识互不相干，进而提出Blog Context Overlay Network（BCON）博客语境叠加网络，用以满足基于博客的知识管理系统之间的语境匹配。通过感知不同 KMS 间共同的语境，新知识可以在博客空间自动扩散。张星（2011）基于社会网络和 SECI 模型理论，设计了一个基于超网络的企业知识管理系统，方便了知识获取活动的开展。

1.3.4　研究现状评述

从复杂软件系统、创意知识、知识获取的研究现状梳理中，可以看出复杂软件系统理论研究已经取得一定成果，目前研究主要关注复杂软件系统研发团队的系统开发、客户参与等焦点问题，重视对软件开发阶段和结果的管理；创意知识的研究相对较少，研究多集中在企业集群、机械设计、产品创新、美术工艺等领域，近年有不断扩大的趋势；知识获取的研究则随着技术发展和时代变迁，其获取模式、影响因素、机理等都在不断深化，获取方法从信息技术、社会网络过渡到两种方法复合获取的形式。虽然现有研究取得了一些研究成果，但仍存在以下几个方面的不足：

（1）没有对客户创意知识核心概念进行界定，未对客户概念细分。目前有关创意知识和客户创意知识的研究过于粗糙，缺乏明确的应用研究背景。没有强调复杂软件系统研发领域的具体任务特征，也没有关注复杂软件系统研发中客户创意知识的独特性和重要性，亟待对复杂软件研发过程中的客户创意知识定义、特征、类型、层次进行深入分析。另外，现有文献笼统地使用客户概念，没有对客户创意知识来源的层次细分，缺乏对客户创意知识深入理解和把握。

（2）知识获取模式缺乏统一性，对客户创意知识获取研究匮乏。学者从不同角度探讨了知识获取模式，提出如螺旋迭代模式、社会网络系统环境下知识获取模式、数据驱动自主式知识获取模式、"寻人"模式、地图模式、概念图模式、行为-心理模式等，但都反映了知识获取在某一特定环境下的具体模式，很少基于一种统一理论，建立知识获取过程的整体性解释框架。另外，有客户创意知识仅局限于机械设计、美术工艺等领域探讨与创意相关客户知识获取的来源、方法和过程，片面且零散，由于客户创意知识有其自身特殊性，现有知识获取模式无法很好地解释客户创意知识获取行为，缺乏对客户创意知识获取运作流程的整体把握和系统分析，目前相关研究工作非常匮乏。

（3）知识获取方法没有完整体系，与具体客户创意知识对应不明晰。目前，不同知识背景领域的学者提出了各种不同的知识获取方法和技术，然而众多方法之间缺乏必要联系。现有文献中虽然提到采用信息技术网络和社会网络的复合网络方法开展进行知识获取，但缺乏相关理论支持，既没有考虑复杂软件系统研发中客户创意知识的背景和特征，也没有考虑不同知识获取方法与具体客户创意知识之间的关系，另外，对客户创意知识获取方法的适用条件也缺乏必要研究。

（4）对客户创意知识获取影响因素缺乏实证，缺少案例分析。现有文献中，知识获取影响因素实证主要借助于对知识转移影响因素实证框架，以及跨国企业经营中的知识获取研究，与复杂软件系统研发中的客户创意知识获取过程有一定差距。根据客户创意知识特征、获取方法与工具、社会资本、相关制度支持、知识情境相似性因素分析对客户创意知识获取的影响程度，并使用企业知识获取实际案例，进一步分析和验证相关因素和机理，在现有研究中尚未见到。

1.4 本书的研究内容与方法

1.4.1 本书研究内容

本书研究内容分为 8 章。

第 1 章为绪论。首先阐述本书的研究背景，提出需要研究的问题，然后进一步明确研究目的和意义，并对本书所涉及的复杂软件系统、创意知识、知识获取等主题，进行国内外研究综述及其评述分析，最后对研究内容进行界定，并说明研究方法和关键技术路线。

第 2 章为本书研究的相关理论基础与概念界定。将详细分析梳理与本书紧密相关的知识获取、知识情境、客户知识、社会网络、开放性创新、委托代理博弈、知识本体等理论基础，并对复杂软件系统客户的概念、类型，复杂软件系统创意等关键概念进行分析和界定。

第 3 章定义客户创意知识，并对提供客户创意知识的重要客户进行识别。首先将明确界定复杂软件系统研发中客户创意知识的内涵，深入剖析客户创意知识的构成、分类、特征，以及客户创意知识获取阶段划分；其次，从客户创意知识重要度、客户网络节点重要度两个维度进行指标测量，建立基于综合指标评价的重要客户识别模型；最后进一步通过实例分析，阐述遴选重要客户的具体实现过程。

第 4 章建立复杂软件系统研发中客户创意知识获取的知识情境交互与模型。将利用知识情境相关理论，对研发团队和客户创意知识情境分别界定；揭示复杂软件系统研发中客户创意知识获取的知识情境交互原理，进行客户创意知识情境的形式化描述；基于知识情境相似度概念，建立包含知识情境加载、感知、差异分析、调整、匹配等计算过程模型；建立基于知识情境交互的客户创意知识获取模型；将深入分析客户创意知识获取中的委托代理规则，建立基于委托代理博弈理论的重要客户激励模型，并分析模型在不同参数下的适应情况。

第 5 章系统性阐述复杂软件系统研发中客户创意知识获取方法。将归纳提炼基于信息技术、智能计算、社会网络支持下的各种复杂软件系统研发中客户创意知识的获取方法；阐明不同方法与客户创意知识类型、知识获取阶段之间的关系；提出复杂软件系统研发中客户创意知识获取集成方法平台。

第 6 章对复杂软件系统研发中客户创意知识获取影响因素进行实证。提出实证研究的理论模型、概念模型及相关假设，采用结构方程方法，探讨工具方法、外部社会资本、制度支持、知识特征与复杂软件系统研发中客户创意知识获取的关系，分析研发团队与客户之间的知识情境相似性对其他要素是否存在的中介效应；最后，依据对样本的研究结论，将对各要素的影响深入剖析。

第 7 章开展复杂软件系统研发中客户创意知识获取的案例分析。将采用开放式访谈方法，提炼出两个不同类型的复杂软件系统研发的实际案例，从客户创意知识分析、重要客户识别、客户创意知识获取的模式和方法等方面，进行深入剖析，并对两个案例进行对比。

第 8 章提出复杂软件系统研发中客户创意知识获取的改进策略。根据前述理论和实证研究内容，将分别从客户创意知识分析、重要客户识别、客户创意知识获取的过程和模型、客户创意知识获取影响因素和方法等几个方面提出相应的改进策略。

本书的结构如图 1-1 所示。

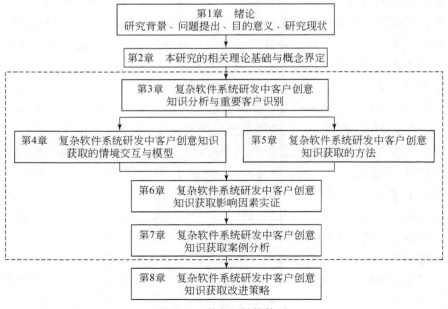

图 1-1　本书的结构体系

1. 4. 2　本书研究方法

（1）文献研究法。通过对国内外文献的梳理和概括，对复杂软件系统研发过程、客户创意知识、知识情境、社会网络、委托代理博弈、知识获取理论等有了较为深刻的认识。在研究过程中，文献研究方法将继续为理论的深入研究提供理论基础和保障。

（2）定性和定量结合法。本书采用定性方法，对复杂软件系统研发过程中的客户创意知识内涵和特征、知识情境交互过程、知识获取模型和方法，以及改进对策和建议等方面进行分析；运用定量方法，如 AHP（Analytic Hierarchy Process，层次分析法）和社会网络分析等方法对复杂软件系统创意知识来源进行识别，运用博弈论方法对知识获取过程中双方的利益分配关系进行研究。

（3）系统分析法。由于涉及不同领域和学科，本书将对复杂软件系统研发过程中客户创意知识内涵、特征、阶段，以及客户创意知识获取模型等内容，采用系统分析的方法。

（4）实证分析法。运用问卷调查收集数据，经过统计分析后使用结构方程模型方法，对复杂软件系统创意知识获取的影响因素进行实证分析。

（5）案例分析法。采用案例分析方法，详细描述复杂软件系统研发过程中客户创意知识获取的过程、场景和具体做法，验证本书提出的理论和方法。

（6）本体建模法。在知识本体理论和知识情境理论基础上，按照基于知识情境交互的复杂软件系统创意知识获取模型的基本原理，利用本体技术构建模块化本体的复杂软件系统研发中客户创意知识获取模型。

1.5　本书创新之处

本书的主要研究成果及创新点如下：

（1）对复杂软件系统客户、客户创意知识等核心概念进行明确界定，从客户自身拥有，以及与研发团队交互产生两个角度，详尽分析客户创意知识的内涵与特征。提出客户创意知识重要度、客户网络节点重要度两个概念，并利用知识提供频度、知识领域、表达能力指标刻画客户创意知识重要度，利用客户节点在网络中的连接强度、连接质量、派系规模指标刻画客户节点重要度，建立基于综合指标评价的重要客户识别模型。

（2）清晰界定研发团队与客户知识情境的概念，划分知识情境的人文维度、技术维度、业务维度三个子维度，揭示包含知识情境加载、感知、差异分析、调整、匹配五个步骤的知识情境交互过程；利用知识情境树和相似度概念，建立知识情境计算模型；建立基于知识情境交互的复杂软件系统客户创意知识获取模型，明确客户创意知识获取过程中的参与主体、操作基础、目标任务、获取方式，以及获取对象，并阐释模型特征；揭示研发团队与客户之间单委托–多代理的复杂竞合关系，建立基于委托代理博弈的重要客户激励模型，确定客户最优合约的努力水平与分享比例。

（3）提出基于信息技术、智能计算、社会网络的客户创意知识获取方法以及各自的适用前提条件，提炼不同方法的框架体系、特征、创新之处，揭示客户创意知识获取方法与知识类型之间的对应关系，建立基于知识情境交互的客户创意知识获取方法集成平台，使客户创意知识获取呈现出一个包括理论、方法、技术工具在内的整体统一框架。

（4）运用结构方程方法，验证影响客户创意知识获取影响因素的相关假设，揭示出团队工具方法、团队外部社会资本、团队制度支持对客户创意知识获取起到正向影响作用，知识特征对客户创意知识获取起到负向影响作用，知识情境相似性在客户创意知识获取过程中起到部分中介作用；通过实际调查提炼两个案例，运用案例分析印证本书所提理论和方法；同时，针对客户创意知识获取的重要客户、模型、方法、影响因素等，提出了具体的改进策略。

2　理论基础与相关概念

复杂软件系统研发中客户创意知识获取涉及知识获取理论、知识情境理论、客户知识理论，以及其他相关理论基础。本章将对这些理论进行梳理，并对复杂软件系统客户内涵及复杂软件系统创意相关概念进行界定。

2.1　知识获取理论

2.1.1　知识获取的概念和过程

知识获取是一个序贯过程，是企业通过搜索发现各种可能的知识以及获取的途径，对搜索所获得的信息进行评估与辨析后接收特定的知识，并结合企业自身特性加以创新的过程。在知识运作过程视角下，知识获取通过识别可获取性的知识源，利用各种具体获取模式和方法，按照实现约定的知识需求匹配结果，最终取得目标知识的螺旋上升过程。因此，知识获取具有动态特征，即经过需求匹配、来源识别、获取筛选、表达存储的完整过程后，所获取的知识在组织内部或跨组织得以共享、应用及创新，驱动新一轮的知识需求匹配活动。如图 2-1 所示。

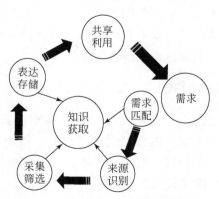

图 2-1　知识获取的概念与过程

需求匹配将知识提供方与知识获取方通过具体的知识需求连接起来。张磊和谢强（2005）认为，知识需求是知识获取方为完成任务而需要的知识描述，不仅约定了知识获取方向，而且将影响知识获取效率与效果。知识获取需要清楚地表达所需知识的来源、类型、性质，使知识提供方有明确的目标。然而，知识需求通常具有情境化特征，难以准确地表达。针对相同的知识获取任务，知识获取方基于自身生活背景、文化程度、认知结构、技能和经验的差异，所提出知识需求不同；在不同时间，所提出的知识需求亦不同，知识供需匹配成功有一定难度。

知识源可能来自于组织内部，也可能来自组织外部的客户、供应商、销售商、合作伙伴、竞争对手、科研院所，或者是书刊、报纸、电视、互联网络等。由于知识获取过程存在情境依赖性特征，知识源可能不可识别，即知识需求匹配得到的结果集合可能不具备可获取性。

知识接收与筛选是对具有可获取性的知识源，利用知识获取的各种具体方法，按照约定的知识需求匹配结果，开始实质性知识获取。该阶段取得的知识，可能具有动态性、嘈杂性以及残缺性特征，需要进一步筛选出具有良好表达性、有价值的知识。

获取到的知识需要适当地表示和存储。对于文字、公式、数据等显性知识，由于其可编码、格式化和结构化特征，可以使用适当表达结构，存储在知识库中；对于难以用文字传播的隐性知识，如经验、技能、诀窍、信念等，可以采用在组织内部进行共享和沉淀，形成组织记忆，或者显性化后存在知识库中。

上述知识获取过程理论，可以应用到客户创意知识获取过程，解释说明客户创意知识获取与知识情境交互的相协调必要性，即通过研发团队知识需求清晰地传递给客户知识源，使供需双方统一在客户创意知识获取的共同任务目标下，完成需求匹配；客户知识源以社群网络的形式出现，为客户创意知识获取提供充足的知识来源，并且从中遴选出重要客户；继而采用各种具体方法取得并选择必要的知识，并对其进行适当的表达和完整的存储。

2.1.2　知识获取的模式和方法

从知识获取的来源层面上，刘锦英（2007）将知识获取模式分为内部模式、外部模式、准外部模式三大类。内部模式包括招募、培训、人力资本和研发；外部模式包括市场购买、技术扫描、技术援助等；准外部模式，是指以合作获取知识模式，是内部模式与外部模式的混合。

从知识获取的属性层面上，更多学者将知识获取分为隐性获取模式和显性获取模式两大类。其中，隐性获取模式包括场子模式、螺旋迭代子模式、人际子模式等。Nonaka 等（2000）认为"场"是特定时空内发生的各种相互作用，是分享、创造及运用知识的动态的共同知识情境。李景峰和刘宇凯（2010）认为各种情境、媒介等"场"，是企业知识网络拓扑结构的交换中心，场中的各知识主体互为服务器与客户机，每个知识主体都可成为知识的提供者和获取者。显性获取模式采用显性化手段，特别是知识工程手段来获取知识源的知识，包括自动抽取和知识导航等子模式，借助信息技术，从现有显性状态知识中智能性识别、收集、筛选需要的知识。

从知识获取的动力层面上，知识获取可以分为"推入式"和"拉入式"两种模式。如果知识获取方具有很强的信息优势与控制优势，则知识提供方为了取得竞争优势，将主动向获取方提供知识，即外部知识"推入式"获取；反过来，知识获取方如果担负着技术守门员的角色，则将有意识地与各类知识提供方建立广泛的"弱关系"，将外部知识"拉入式"获取。

知识获取模式的不同维度，构成了知识获取模式的立方体组合结构。知识获取方可以根据知识获取过程中的具体知识类型、性质、来源、内容，选择合适的知识获取模式，或者模式的组合。如图 2-2 所示。

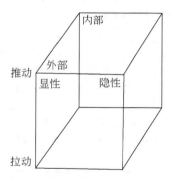

图 2-2　知识获取模式的不同组合

多样化知识获取模式要求客户创意知识获取模型，必须兼顾不同知识获取活动的条件和背景，形成一套综合应用框架。

从本质上来说，客户创意知识获取是研发团队进行跨组织的外部知识获取，可以看作研发团队与客户针对复杂软件系统创意的知识合作，属于准外部获取模式。研发团队通过建立知识获取的"场"，与客户进行双方隐性知识转移。通过"场"的有机配置，客户代入自身知识情境，通过与研发团队知识情境的交互，在"场"进行知识获取。研发团队与客户之间互为获取方，客户创意知识形成了双向流动与交换。因此，多样化知识获取模式为客户创意知识获取模型的建立提供了启示。

知识获取方法大致可以划分为隐性获取和显性获取两种。显性获取方法的特征是获取方能够明确表示知识内容，并以文字、公式、规则、记录等形式存储；隐性获取方法的特征是获取方难以清晰表达知识内容，需要通过人际之间的密切交流，在知识共同化和内化过程中转移彼此的经验、技能、信念。如表 2-1 所示。

表 2-1　主要知识获取方法

方法名称	主要内容
传统社会网络法 （隐性获取）	利用正式或非正式网络的人际关系，获取组织内外部的经验、技能、想法等隐性知识。具体方法包括面对面会谈、师徒传承、专家地图、团队讨论、客户焦点、实践社区等
自动化方法 （显性获取）	利用各种智能性算法，将问题纠结的知识从知识源中提取出来，并按照一种合适的知识表示方法将其转移到计算机中。具体方法包括模糊集与粗糙集、神经网络等
专家系统方法 （显性获取）	依赖专家的努力，通过规则、人工智能、知识库等技术，将工作过程中蕴涵的知识显性地表示出来
XML 法 （显性获取）	利用 XML 具有支持结构和语义信息、能够进行自解释与自我描述，以及方便的扩展性和灵活性特征，面向带有异构数据的集成与应用 Web 数据进行知识获取
Web 2.0 方法 （显性+隐性获取）	将组织内外部各种信息资源整合成为一个有机整体，使用外部用户提供知识源，在降低应用难度的同时，提高数据一致性并增强对用户需求响应
本体方法 （显性+隐性获取）	捕获特定领域的共有知识，提供对该领域知识的共同理解，实现对领域知识的推理
社会网络方法 （显性+隐性获取）	在互联网技术而产生的网络空间中，基于人们互动关系发生的社会网络，采用播客、博客、网络视频、多媒体技术、虚拟现实技术等，利用广大网络用户的集体智慧进行知识获取

近年来，在上述若干方法中，社会网络方法将受到越来越多的重视和深入研究。如潘巧明（2008）同时基于 SECI 模型理论，综合利用网络视频技术、现代媒体技术、虚拟现实技术，搭建网络知识获取平台，综合性地获取网络中各种不同类型、不同来源的知识。张星等（2011）借助社会网络理论，基于 SECI 模型和超网络理论，采用社会网络技术设计和开发企业知识管理系统，丰富复合网络条件下的知识获取的理论和实践。

上述对知识获取方法进行系统性的总结梳理，通过分析各种知识获取方法特征和优势，对从信息技术、智能计算、社会网络三个角度构建客户创意知识获取方法提供借鉴，明确其主要类型、内容和适用条件，为形成客户创意知识获取的集成方法平台铺垫理论基础。

2.2 知识情境理论

2.2.1 知识情境的内涵

知识情境是知识产生和应用的具体背景与环境，是知识得以共享和再用的重要基础。郭树行等（2008）认为知识情境包括相关的项目、组织、领域等外部环境和背景因素，也包括知识主体的认知、经验、心理等内部因素，它刻画了知识、知识活动相关的特征，涉及多方面的要素。知识情境概念超出了狭义的上下文语境含义，在教育、艺术、管理各个研究领域应用广泛。对知识情境内涵的理解，应注意以下三个方面。

（1）多义性。相同要素的不同组合形成的知识情境结构差异，导致其具有多义性。这种语义层面多样性，反映在特定行为主体的个人认知、经验和心理差异对共同概念理解上，需要对背景或环境要素进行限定或详细描述，否则将会在不同主体之间产生歧义，最终获取概念一致的知识。

（2）动态性。在知识活动过程中，行动主体之间会在不同阶段调整各自需求，因此知识情境一直不断变化，具有动态性特征。知识情境的动态性分为两种类型：一是缓慢迁移型，随着时间增长而缓慢发生变化，如社会经验、习惯偏好等；二是急剧突变型，变化没有规律，可能突然改变，如组织文化、组织业务流程，可能长期保持不变，也可能由于外部环境压力而急剧变化。

（3）不完整性。知识情境涉及因素复杂，相互关系错综，不可能收集到全部信息。同时，知识情境的部分元素需要经过推理方式获得，而推理得到的结果与实际情况有较大误差，加剧了知识情境的不完整性。因此，在知识情境特征采集过程中，必须得到行动主体的认可，行动主体的意愿将直接影响知识情境信息的完整性程度。

2.2.2 知识情境的模型

我国学者徐金发等（2003）提出了知识情境的五个维度静态模型，包括文化、战略、组织结构和过程、环境、技术和运营等方面，每条边代表一个知识情境维度。其中，文化维度主要指文化和知识的一致性、组织单元之间的文化差异、组织和国家文化；战略维度主要包括战略目标和战略选择、战略群体；组织结构和过程维度主要包括正式的科层结构、交流和领导风格、团队合作和激励系统；环境维度包括不确定性和因果模糊性、产业变动性和生命周期、其他组织结构的关系；技术和运营维度包括员工的技能、现有设备和相似工作经验、企业的基础设施、效率和质量等。

知识情境的动态模型反映了特定知识从一种知识情境转移到另一种知识情境的过程。在知识情境交互条件下，转移方和被转移方的知识情境将发生重叠。如果知识情境维度的相似度很高，则知识情境重叠的程度越高。当发生知识转移时，要转移的知识处于双方知识情境范围重叠区域以内，将发生相似性转移；要转移知识处于双方知识情境范围重叠区域以外，将发生适应性转移。

知识情境的维度划分，帮助研发团队更加细致地理解自身知识情境与客户知识情境之间的差异程度。根据客户创意知识的具体特征，本书将五个知识情境维度模型简化为三个维度，采用知识情境的文化维度、业务维度、技术维度对客户创意知识情境进行界定和描述。知识情境维护划分也为建立动态交互的知识情境模型奠定基础。应用知识情境动态模型理论，可以解释研发团队从客户身上获取创意知识，双方知识情境交互过程的基本原理，即达到某种知识情境匹配，满足知识的适应性转移和相似性转移条件。

2.2.3　知识情境的测量

知识情境测量，即从当前知识情境中测量知识情境特征数据，并传递给服务对象，包括知识情境感知和知识情境相似度计算两个方面。

知识情境感知是通过采集客户所处环境的各种知识情境特征，进一步了解客户的行为偏好、感性直觉、业务习惯等，将获取的知识与知识情境特征进行对应性分析，对客户创意知识获取意义重大。为了进行知识情境感知（张静，2011），研发团队可以用软件系统或互联网络的监控与记录功能，将客户的主要操作、输入的词语、点击行为等系统地记录下来，并形成对某类主题的分析；为了获取客户对现有产品的反馈等更高级的知识情境信息，选择性地设置一系列问题让客户回答，启发式地转入不同深度和层次的问题上，让客户给出一种心理评价；记录客户业务过程信息和应用软件状态信息，实时监视客户状态和业务知识情境；通过物理设备自动检测客户的外围硬件和软件系统配置知识情境，如计算机、路由器、服务器等，识别获取客户的工作条件。

知识情境相似度计算的目的是确定研发团队与客户之间的知识情境特征差异，为后续知识情境调整做好铺垫。本书基于知识情境树的相似性原理，将当前知识情境与历史相似知识情境树相匹配，根据历史知识情境与知识之间的关联推论得到需要的知识。知识情境可以从多个维度描述，而每个知识情境维度包含若干知识情境要素或属性，且具有多样化特征，这种方法很适用于描述软件工程相关的知识情境。知识情境相似性的测量公式（施星国等，2009）及其描述如表2-2所示。

表 2-2　相似性测量公式与描述

类型	测量公式	描述
节点相似性	$S(v,v') = \dfrac{(N_{v'} - N_v)}{N_{v'}}$	N_v 为研发团队知识情境中节点 v 的描述，$N_{v'}$ 为客户知识情境中节点 v' 的描述，若 S 越大则相似性越高，若 $S < 0$，则令 $S = 0$
维度相似性	$S(D_v) = S(v) \times \sum\limits_{i=1}^{n} w_{vi} S(D_{vi})$	$S(v)$ 为情境中节点 v' 相似性，w_{vi} 为维度 D_{vi} 权重，$S(D_{vi})$ 为以节点 v_i 为根的维度相似度
知识情境相似性	$S(KS) = \sum\limits_{i=1}^{n} w_i S(D_i)$	n 为知识情境 KS 的维度数，$S(D_i)$ 是第 i 个维度的相似性，w_i 是第 i 个维度的权重

利用上述知识情境感知和相似性计算过程原理，可以量化计算出双方知识情境差异的程度，更加精准地描述研发团队与客户之间知识情境的动态交互过程，为客户创意知识获取的知识情境模型提供了数量描述工具。

2.3　客户知识理论

2.3.1　客户知识类型和内涵

Gebert（2003）等学者认为，客户知识是在与企业交流或交易过程中，由客户产生或拥有的价值、知识情境信息、经验、专家洞察力的动态组合，是企业与客户在共同的智力劳动中所发现和创造的，并进入企业产品创新的知识。郭磊磊和刘平（2010）将客户知识划分为四种类型，具有不同内涵：

（1）关于客户的知识，描述客户基本情况，如客户个人信息、购买历史记录、个人爱好等，属于来自交易过程中的显性化结构性数据，较为容易获取。

（2）客户需要的知识，描述企业传递给客户的情况，目的是帮助客户能够更好地理解企业产品和服务的知识。

（3）来自客户的知识，是客户和企业在互动过程中，客户对企业产品或服务的需求、感知、体验等知识，有助于企业提升产品或服务的质量，更好地进行产品或服务的创新。

（4）双方共同创造的知识，主要产生在企业和客户合作过程中，是一种交互性产生的知识，主要包括双方反复讨论的方案设计、产品反馈信息和建议等。

在上述四种类型的客户知识中，后两种客户知识对于企业具有极大的价值，使客户成为企业外部知识重要来源，平等地与企业进行互动交流。因此，企业要重视来自客户以及双方共同创造的客户知识，需要认真倾听客户的声音，重视客户的意见和建议，反复与客户沟通和交流，深入客户现场的"干中学"和"练中学"，提升企业产品和服务的创新水平，降低创新风险。

2.3.2 客户知识的特征

客户知识不同于一般知识，具有若干特殊性质：

（1）组织环境的不断变化以及客户自身需求的不断变化决定了其具有明显的动态性；

（2）客户知识多表现为经验和技能，隐藏在员工的头脑中，必须在特定知识情境下才能获取，表现出很强的隐含性；

（3）客户知识来自于企业外部，需要在企业与客户之间进行深入交互，超越了组织界限的特性，表现出很强的组织超越性；

（4）客户知识产生于一定的客户组织文化环境中，客户组织在长期运行过程中形成惯例，以特定方式表达和处理特定问题，具有很强的黏性。

2.3.3 客户知识的管理

Wayland 和 Col（1997）首次关注到客户知识的管理问题，研究在客户互动过程中，如何利用先进的信息技术，从客户知识源进行知识获取、创造、交流和应用的过程，从而实现企业价值最大化，维持竞争优势。Alan 也认为，客户知识管理借助信息技术，在与客户互动交流的过程中帮助客户发现问题并找出答案，进而有针对性地制定和实施服务。李万军（2004）在回顾了国内众多相关文献后，认为客户知识管理可以从以下三个角度来理解。

（1）从商业哲学角度看，客户知识被视作商业决策的出发点。通过深入的客户知识管理活动，企业可以与客户建立更为密切的关系，根据客户知识制定决策，产生出更能满足客户需要的产品或服务。

（2）从企业战略角度看，借助客户知识管理活动，企业引导客户提供知识，并应用客户知识达到企业价值最大化目标。

（3）从企业系统开发角度看，客户知识管理帮助企业制定一套完整的客户知识管理规程，并且以一定组织方式管理，构成完整的实施体系。

客户知识管理的核心目的是建立和完善客户知识库，从而在积累和利用客户知识的同时，提升客户满意度和忠诚度，保持和提升销售水平，获得竞争优势。

与知识管理相似，客户知识管理也自然地分为客户知识的获取、存储、共享、转移、应用、创新等若干步骤，其中客户知识获取对客户知识管理的水平和质量有重要影响。

客户知识理论为客户创意知识获取研究提供了重要借鉴。首先，客户创意知识与客户知识的部分概念重合。复杂软件系统研发过程中的客户创意知识，研究涵盖客户知识分类后两者，即来自客户的知识，以及双方共同创造出的客户知识。其次，两者同样外部环境不断变化，属于与知识情境联系紧密的知识。客户自身所处环境的不断变化，客户创意知识也总是处于动态变化之中，需要在特定知识情境下获取，具有很强隐含性和黏性，跨越组织边界，在研发团队与客户之间深入交互。最后，两者都建立在企业或研发团队和客户双方利益极大化的基础上，从战略层面整合双方的关系，其立足点提升产品创意质量或创新能力。

2.4 其他相关理论

2.4.1 社会网络理论

社会网络是指社会行动者及其关系的集合，也可以理解为由多个顶点（社会行动者）和各顶点之间的连接（行动者之间的关系）组成的集合。社会网络中个体通过关系联系在一起，体现在信任程度、关系强度、关系持续性、互惠程度等指标上，并以一定的权重向量加以约束和限制。社会网络理论包括强连接与弱连接、社会资本、结构洞三个核心理论。

（1）强连接与弱连接理论是 Granovetter 在 1973 年率先提出的。他认为，社会网络是依靠其基本单位——节点相互连接构成的。节点连接包括强连接和弱连接两种。网络中强连接控制的节点资源就有较高相似性，因此所了解的事物、事件经常是相同的，造成拥有的资源具有冗余特征。而弱连接跨越了不同的信息源，在群体之间充当信息桥的作用，交换不同群体的信息和资源。因此，连接强度会造成资源控制的差异。

（2）社会资本理论是法国社会学家 Bourdieu 率先提出的。社会资本是一个人占有的社会结构资源，存在于社会关系网络和社会团队中。社会关系越庞大和复杂，参与的社会团队越多，则其社会网络的规模越大，社会资本越雄厚且异质性越强，其能够利用的社会资源也越多。该理论认为，组织和个人的社会资本数量，影响并决定了其在社会网络中的地位情况。

（3）结构洞理论是美国学者 Burr 在 1992 年率先提出的。该理论认为，社会网络可以区分为有无"洞"结构两类。在"无洞"结构中，社会网络中所有节点都相互连接，不存在断裂现象，整个网络关系充分饱和。相反，在"洞"结构中，社会网络中的某些节点仅与一部分节点发生直接连接，除这部分外其他节点没有直接连接，或者连接中断，像在网络整体结构中存在一个洞穴。

社会网络理论提供了客户网络结构特征分析工具，帮助研发团队能容易地识别出客户网络中的重要客户。客户社会网络的复杂连接，为客户创意知识的流动提供了基础条件。同时，客户与客户之间就会形成一定的博弈关系，相互既保持竞争，又保持合作，因此客户网络呈现动态变化与持续分化发展的特征。故而，利用社会网络分析的方法，考虑客户创意知识流动特征，以及客户间的连接特征，有助于从客户创意知识贡献角度，寻找重要客户。

2.4.2　开放创新理论

开放式创新是由哈佛商学院教授 Chesbrough （2003）首先提出的，强调了外部知识资源对于创新过程的重要性，从而引起了国内外创新经济学家和创新管理者的广泛关注。

在信息化和全球化背景下，产品生命周期的迅速缩短，知识的创新周期不断加快的压力，使得企业的技术创新活动越来越多地打破原有的组织边界，趋向一种开放式的活动过程，从组织外部获取知识资源，提升企业核心竞争力。开放式创新的本质上是对知识工作各环节的有效管理，包括知识获取、分解、存储、传递、共享、应用与知识评价，力图使企业创新过程与知识管理过程相一致，使企业创新过程变成利润来源途径。其中，在知识获取与分解方面，陈劲、陈钰芬（2006）提出开放式创新包括企业全体员工、领先用户、供应商、技术合作者以及知识产权工作者等各种创新源，具有边界可渗透性、全员性、全面性、全过程性和全社会性特征，是各种创新要素互动、整合、协同的动态过程。

用户创新是开放式创新的一种重要形式。麻省理工学院冯·希普尔（2007）教授从创新源角度提出了用户创新的概念，指出引发用户创新的原因，并给出具体实现方法与工具。他认为"用户"是"对于特定的产品、工艺或服务，居于获益职能角色上的使用者"，而"创新"是"首次将一种革新开发至可应用状态"，"用户创新"为"产品和服务的用户对这些产品和服务所提出的新设想或进行的改进"。用户之所以创新，是为了克服生产厂商间的信息黏滞，满足自身独特产品或服务的需求，因而自己创新产品或服务，并在创新过程中获利，同时达到心理方面的满足。

复杂软件系统是从软件供应商购置或由企业信息部门自主开发，是一种典型的生产者主导模式，如果企图以一劳永逸的方法解决企业知识管理方面的所有问题，将缺乏足够的动态性，同时没有考虑用户的感受。在开放式创新模式下，用户积极参与复杂软件系统研发过程，成为创新的主体，就其所使用的系统功能，进行持续改进和进化。企业最大限度地利用了用户资源，不仅吸收了用户信息和用户使用经验，而且成功利用了用户专业知识和技术诀窍。特别是在目前的 Web 2.0 环境下，无处不在的网络（王众托，2007）推动了知识的传递与共享，用户真正拥有创新的最终发言权和参与权，双方的知识边界开始消融。复杂软件系统创意的知识贡献正在由软件供应商为中心向用户为中心转变，信息黏滞得以进一步消除。在一个注重客户行为的环境中，用户必须作为共同开发者来对待，复杂软件系统创意本身就是全部用户的集体活动和集体智慧集合，用户心理得到充分满足。

借鉴用户创新模式符合知识创造的双螺旋原理（宋刚，2009），本书将外部客户作为开放式创新知识源，研究客户创意知识获取环节。复杂软件系统创意过程中，用户广义上泛指当前或潜在使用复杂软件系统的全部客户。复杂软件系统研发中的客户创意知识获取目的是在开放性创新环境下，重点研究如何使客户这一参与者提供自身拥有的创意知识，并与研发团队积极交互，提供更多有价值的创意知识。本书认为采用开放式创新理论对客户创意知识获取有以下特点（张庆华，2014）：

（1）能够秉持开放性观点尽可能多地包含外部客户知识源；

（2）将客户看作复杂软件系统研发过程的重要支持伙伴，给客户对于未来软件系统的充分思考自由，鼓励客户积极地贡献相关知识和技术诀窍，参与到系统的技术问题改进过程中，促进正向激励机制形成和实现，使客户也能够最终受益；

（3）不断驱动研发团队获取客户创意知识，构成了螺旋式上升的良性循环。

2.4.3　委托代理理论

在过去 30 多年里，委托代理理论得到了快速发展，是契约理论中最重要的分支之一。该理论起源于 20 世纪 70 年代初，经济学家对企业内部信息不对称问题和激励问题的持续研究，其核心任务是探讨委托人如何设计契约，才能有效激励代理人，并为代理人所接受。该契约能保证代理人在追求自身效用最大化的同时，也实现委托人的效用最大化。一般而言，最优契约的设计必须满足三个条件：第一，代理人总是选择使自己的期望效用最大化的行为，任何委托人希望代理人采取的行动都只能通过代理人的效用最大化行为实现，这就是所谓激励相容约束；第二，代理人从接受合同中得到的期望效用不能小于不接受合同时能得到的最大期望效用（即保留效用），这就是所谓参与约束；第三，按照这一契约，委托人在付给了代理人的报酬后所获得的效用最大化，采用任何其他契约都不再会使委托人的效用提高。

基于上述委托代理理论的基本思想，本书将研发团队作为博弈的委托方，重要客户作为代理方，构建双方委托-代理的博弈关系。这个委托-代理博弈具有信息不对称特点，同时这种委托-代理关系是一种典型的单委托-多代理关系，作为代理人的客户之间存在着复杂的知识竞争和共享特点。研发团队需要设计一种合约，激励重要客户尽自己最大努力，积极地、真实地提供创意知识。这种激励机制要求能够保证双方的利益最大化，并且使客户能积极地接受这样一种合约。

2.4.4　知识本体理论

知识本体是研究知识获取的一种重要手段，可以对知识获取过程进行形式化的定义。另外，知识本体可以将概念放入知识情境中，使之意义更加清晰，具有跨学科、语言、文化等能力，方便知识提供者和使用者之间的交流；可以将知识系统化地组织和存储在知识仓库内，使用知识获取工具，重新组织和利用知识，支持对知识的概念化操作；可以消除知识提供者和知识使用者之间的语义歧义，从而提高使用者的检索结果的质量，是一种知识识别、匹配、获取、检索、表示、存储的综合性解决方案。

所谓本体，即"共享概念模型的明确的形式化规范说明"（Gruber，1993）。该定义包含了四层含义，即概念模型、明确、形式化和共享，其目标是捕获特定领域的共有知识，提供对该领域知识的共同理解，实现对领域知识的推理。现有知识获取过程中使用的本体，往往涉及过多概念，其概念之间存在复杂关联和高度耦合，造成本体维护困难，不能进行灵活的重用，系统开销大，同时效率低。因此，需要使用比其更灵活的模块化本体来解决。本书根据前期研究成果（张庆华，2011），总结提出模块化本体的知识表示和存储方法，包括知识本体的模块化和集成化过程四个步骤。

步骤1：本体规范化过程。即建立知识项的二元组 Knowledge- Item =（Meta- knowledge，Information）的过程。其中 Meta- knowledge 称为元知识集，Information 称为信息体集。系统俘获知识后，必须经过本体规范化过程，经过验证后，根据知识本体进行归类分析，然后进行知识标注，即内容表达方式和结构、安全性控制方式等，才能形成符合系统要求的知识项目。

步骤2：本体模块化过程。本体是在各种知识子系统间交换知识的共同语言。为了在不同知识子系统间更好地交换知识，就需要能够将一个大规模本体，分解为更简单的本体模块，这就是本体模块化过程。本体的模块化类似于软件工程中的模块化过程，甚至可以持续到不能再分解的原子本体，它是知识组织、知识评价的最小单元，向用户提供可以自由编辑的功能。

步骤3：本体集成化过程。本体的集成化，就是原子本体之间通过接口连接后形成的集合，即领域本体。新的领域本体中单个原子本体的更新，不会影响领域本体的功能、结构和知识表示。

步骤4：本体服务化过程。本体服务化是通过将领域本体按标准 Web 服务进行封装，目的是方便对领域本体进行调用、评价和进化。

模块化本体的知识表示和存储方法本质是一种人机交互系统，其能提供各种工具帮助用户更容易、更准确地从知识源获取知识，并进行分解和存储。知识获取方是系统的需求提出者、最终使用者；知识源包括所有结构化、半结构化、非结构化的内外部知识，位于知识资源层。处理工具将获取方和知识源联系在一起，其采用的技术形式是本体模块化和集成化。

在知识识别和获取中，它给定了待俘获知识的基本规范化形式，减少了初始信息冗余，保证了所俘获知识质量；在知识的分解和存储中，按照原子本体概念，对知识进行分割和模块化，精确反映了知识的内容和上下文结构；在知识的传递和共享中，知识以原子本体进行存储、共享和重用，使用 OWL（Web Ontologoy Language，网络本体语言）等本体查询语言，将多个原子本体进行耦合，构成更大规模的领域本体；在知识的评价中，本体服务实时检测用户行为，来考察哪些本体被使用了，如何被使用的，符合外部环境变化的本体服务将快速生成、测试和部署。

知识本体的模块化和集成化过程，如图 2-3 所示。

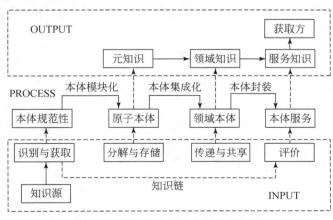

图 2-3　模块化本体的知识处理过程

本书采用模块化本体作为客户创意知识获取、表示和存储的一种方法，通过本体形式化定义，按照本体规范化步骤，从原子本体集成为知识本体和知识情境本体，对客户创意知识源开展有效的识别、获取、存储和评价，满足客户创意知识获取的要求。另外，模块化本体思想可以充分体现客户创意知识获取过程中双方知识交流和驱动的特点。一方面，在客户创意知识本体构建中，表现了客户推动过程（Push），客户主动识别和捕获自身业务领域的本体模型，按照原子本体进行模块化搭建。另一方面，面对知识情境本体服务，通过客户拉动过程（Pull），客户根据知识情境本体所需要的具体知识需求，检索自身知识本体，为研发团队快速描述和构建对应的客户创意知识服务。

2.5　相关的概念界定

2.5.1　复杂软件系统客户的概念

从广义上看，复杂软件系统研发过程中涉及的客户，指的是在过去、现在和未来的时期，一切购买、使用和潜在使用本系统的客户。

从狭义上分析，本书关注的客户是在客户创意知识获取过程中，那些能为复杂软件研发团队提供创意知识的客户。这些客户参与到复杂软件系统研发团队创意过程中，自身具有较高的知识价值，或者在客户社群中具有较高的关系价值。双方的关系一旦建立，可以长期稳定维持，保持较高的信任程度。

2.5.2　复杂软件系统客户的类型

根据创意知识贡献程度不同，本书把复杂软件系统客户分为重要客户和普通客户两种，如图 2-4 所示。

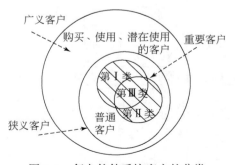

图 2-4　复杂软件系统客户的分类

　　重要客户指的是在客户创意知识获取过程中，有能力为研发团队提供大量重要且高质量客户创意知识的复杂软件系统客户，包括三种类型重要客户。其中，第Ⅰ类重要客户对知识网络有较强控制能力，除了本身为研发团队提供大量重要的客户创意知识，同时起到客户社群网络中的枢纽作用。作为研发团队与最终客户之间的"桥梁"，第Ⅰ类重要客户既可以来自集团企业在各个地区的分销商、代理商等机构，与研发团队关系紧密，联系着整个客户社群的关系；也可以来自客户自身的组织机构中，如母公司、各子公司、各分支机构的信息中心，是整个客户企业的信息枢纽和知识汇集点，维护着整个集团公司内部联系。第Ⅱ类重要客户更侧重自身客户创意知识贡献程度，是客户社群网络中或客户组织中的相对活跃的客户，与研发团队保持着密切的沟通，对新产品的具体应用情况非常熟悉，并能在特定时间提出大量的创意知识。第Ⅲ类重要客户是两种重要度的混合型客户。如某些客户不仅为研发团队直接提供的客户创意知识，而且汇集客户网络中其他客户转移的客户创意知识，在提炼和整合后提供给研发团队，则需要综合评价和识别该客户的重要程度。

　　重要客户为研发团队提供了大部分最重要的客户创意知识，不断推动研发团队完善现有产品，或促进复杂软件系统创意的产生。通过向研发团队贡献重要的客户创意知识，协同复杂软件系统创意过程，对其研发形成直接影响。

　　普通客户是那些对于研发团队知识贡献较微弱的客户，他们提供的客户创意知识的数量和质量远低于重要客户和主要客户。但由于"长尾效应"的存在，并且可能逐步上升为重要客户，所以也需要一定的关注。

　　在客户创意知识获取过程中，重要客户和普通客户遵守相似的获取行为模式，都可以通过互联网络或社会网络，根据具体情况采用灵活的方法进行客户创意知识获取；客户来源可以是购买和使用复杂软件系统的现有客户，也可以是对复杂软件系统有兴趣和购买意向的潜在客户。不过，由于普通客户所提供创意知识重要程度较低，出于时间和经济成本的考虑，本书将重点关注客户创意知识获取过程中所涉及的重要客户。

　　值得注意的是，开放式创新理论中的领先用户，一般都是客户创意知识贡献过程中的重要客户。这些领先用户有着丰富的使用经验和体会，能反馈产品或服务的缺陷，提出改进意见，甚至提出可能的解决方案；而且这些领先用户具有丰富的同类型产品使用经验，并且对企业和竞争对手的产品了解深刻，对整个行业的产品或服务创新情况也很清楚，并且常常为了解决自身使用中的困难，率先提出产品或服务的新创新、新思想和新方案，具有很强的前瞻性和可行性。Morrison（2004）等研究发现，领先用户是新产品早期版本的使用者，能够提出大量改进建议和思路，且极具商业价值。从生命周期角度看，领先用户的生命周期与复杂软件系统创意过程重合度很高，杨波（2011）甚至认为领先用户的重要价值仅存在于新产品开发过程中，产品商业化会消失殆尽。

不过，并非所有重要客户都是领先用户。凡是与研发团队建立了信任关系，能长期和稳定地向研发团队提供创意知识的用户，都可以作为重要客户。

2.5.3 复杂软件系统创意的概念

复杂软件系统创意是指复杂软件系统研发团队大量吸收团队内部和外部的新颖的、有价值的想法和点子，结合研发团队拥有的复杂软件系统研发经验、技能和专有知识，经过团队成员充分借鉴、融合、验证、完善后，所形成的满足特定客户需求的一套创造性方案。

复杂软件系统创意，也是对软件功能和行为进行规定及约束性描述（Jones，2005），涉及结构、功能、行为三个空间，并相互映射。其中，复杂软件系统的结构创意是指在体系结构、设计方案方面的创新，将直接决定复杂软件系统框架的综合价值，能够有效地提升系统性能，同时降低客户承担成本；复杂软件系统的功能创意，是对复杂软件业务的概念和过程的集成，决定了复杂软件的基本能力和可用性，有效地提高系统的业务价值；复杂软件系统的行为创意，指的是对软件操作模式、行为风格、感性认知的描述，决定了复杂软件的适用性，能够有效提升系统的情感价值。

复杂软件系统创意空间被划分为需求维、概念维、价值维三个维度，构成创意空间金字塔模式。复杂软件系统创意的层次结构，如图 2-5 所示。

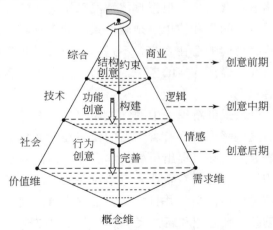

图 2-5　复杂软件系统创意的层次结构图

复杂软件系统创意是从需求维分析转化为概念维设计，从概念维设计转化为价值维实现。结构创意需要考虑商业需求与综合价值的匹配，站在企业整体战略上思考复杂软件系统的结构体系，从整个市场上赢得现有客户或潜在客户。这种创意往往由产品经理提出，属于概念约束范畴。功能创意需要考虑具体技术需求与业务价值的匹配，从研发团队角度分析和设计复杂软件系统的功能模块，力求详细分解技术需求，从业务处理过程理解上取得研发团队与客户一致性共识。这种创意大多由需求经理、系统分析员给出，属于概念构建范畴。行为创意则进一步分析了社会需求和情感价值的匹配，从客户使用复杂软件系统可能的特定知识情境出发，对系统页面元素布局、美工设计、操作过程等细节需求进行不断完善。这种创意由系统设计员、程序员、测试人员、服务支持人员等提出，属于概念完善范畴。

复杂软件系统创意空间具有层次性，从结构创意空间、功能创意空间到行为创意空间，依次形成统领关系，上层创意空间决定了下层创意空间的性质和范围，并且仅具有部分回溯性。如果下层空间创意出现缺陷，一般仅在该层空间进行完善，或者对上层空间创意做小幅度调整，以保持整体创意的稳定性和可行性。

2.6 本 章 小 结

本章是全书的理论基础。其中，客户知识理论、社会网络理论为第 3 章的研究提供了理论基础；开放式创新理论、知识情境理论、知识获取过程阶段理论、委托代理博弈理论，为第 4 章的相关模型构建研究提供了理论基础；知识获取方法的理论、知识本体理论为第 5 章的研究提供了理论基础。

本章分析了相关研究对象。首先，对复杂软件系统客户概念进行界定；其次，根据不同的创意知识重要度，将复杂软件系统客户分为重要客户和普通客户。其中，重要客户又具体划分为侧重知识网络有较强控制能力型、侧重自身客户创意知识贡献型、混合型 3 种重要客户。另外，明确了领先用户是重要客户的一个子集。最后，界定了复杂软件系统创意的内涵，明确了复杂软件系统创意空间的三个维度，指出了复杂软件系统创意的空间层次性特征。

3 客户创意知识分析与重要客户识别

3.1 客户创意知识的概念

复杂软件系统研发中客户创意知识作为一种由客户所提供的知识，能够在研发团队与客户之间双向流动与转化，不仅对产品研发早期阶段更好地激发、验证和完善创意极端重要，也提升了产品创新的效率和效果。对于客户创意知识概念，在国内外学术界尚无准确定义。为了进一步研究的需要，有必要在此进行界定。

王小磊（2009）认为客户创意知识是客户在参与创新过程中创造知识。Gomes（2001）从软件研发角度，认为客户创意知识对应于软件工程的结构、功能、行为三个分类空间，与软件创意的具体知识紧密相关。Boden（2007）将客户创意知识支持产品研发模糊前端，如客户价值观、客户需求等知识；支持产品创意中期细化，如客户业务过程、应用场景、功能方案等知识；支持产品创意后期，如客户使用技能、操作习惯和直觉。

借鉴现有的研究，根据复杂软件系统研发的实际背景，首次提出复杂软件系统研发中的客户创意知识概念（张庆华，2013），即针对复杂软件系统创意知识空间缺口，现有或者潜在客户拥有的以及研发团队与客户交互过程中产生的，能够支持复杂软件系统创意产生、形成和完善的各种相关知识。

对于复杂软件系统研发中的客户创意知识的理解应包括三个方面：一是跨组织传递。客户创意知识的价值建立在复杂软件系统创意基础上，必须从客户转移到研发团队才有实现机会，补充研发团队创意知识的缺口。二是社会化过程明显。客户创意知识需要软件研发团队和客户在特定知识情境下深度交互，其获取过程是双方知识共同化的过程，同时也是"分享隐性知识及创造改进想法的永无止境的过程"（Ikujiro，1996）。三是与多层次创意空间相对应。按照复杂软件创意空间划分为结构创意、功能创意和行为创意，需要不同知识支持才得以实现。

以大型 ERP 软件为例。ERP 是针对物资资源管理、人力资源管理、财务资源管理、信息资源管理集成一体化的企业管理软件，是一种典型复杂软件系统。在大型 ERP 软件创意过程中，产品经理提出系统整体平台创意，可来自客户的结构创意知识；在系统研发过程中，可根据客户的功能创意知识，需求经理、系统设计师等负责深化创意细节，给出 UI 设计方案或交互式原型软件，进行功能需求调整和验证；也可根据客户的行为创意知识，系统设计师和测试人员收集客户的反馈意见，分析客户行为和感受特征。这些客户的结构创意知识、功能创意知识、行为创意知识，或者属于客户本身拥有的知识，或者属于研发团队与客户进行深入交互后产生出的知识，都跨越组织边界，从客户组织向研发团队组织流动，补充研发团队关于 ERP 软件创意的研发知识不足。同时，这些跨组织的客户创意知识不断地转化知识形态，可通过信息技术存储在数据库中，或通过人工记录在工作日志中形成显性知识，也可留存在研发团队成员头脑中，成为支持复杂软件系统创意的重要隐性知识。

3.2 客户创意知识的类型

3.2.1 客户拥有的创意知识

客户拥有的创意知识，即现有或者潜在客户拥有的能够支持复杂软件系统创意产生、形成和完善的各种相关知识，包括需求知识、专有知识、客户创意。复杂软件系统创意从产生到完善的过程，依赖于客户拥有的创意知识。

需求知识主要指的是客户拥有的关于复杂软件系统的功能需求知识，是客户希望复杂软件系统所能执行的活动，完成哪些任务的知识。由于复杂软件系统所涉及业务流程的复杂性，客户往往不能清晰地表达功能需求，所以需求知识具有很强的隐含性。另外，由于行业或业务特殊性，客户在使用复杂软件系统过程中，可能提出的、新颖的、不同寻常的需求。在实际工作中，客户拥有的需求知识可以通过软件研发团队与客户进行面对面的交流，深入访谈和调查而直接获取，也可以通过间接方式，如售前、售后服务人员的调查来获取。

专有知识，指的是独特行业或领域所涉及的专业原理和特殊技能，以及经验、感悟和体会，对创意的完善至关重要。不同行业的复杂软件系统创意，对应不同类型的行业背景、原理和技能知识。如离散制造业领域的 ERP 系统软件研发团队，接受流程制造业 ERP 项目时会存在专有知识缺口。虽然软件研发团队仍可以使用发散思维进行复杂软件系统的创意工作，但前提条件是要能够获取新领域的专有知识。因此，软件研发团队需深入流程制造企业，通过观察、模仿和参与实践，获取艰深的、难于言表的专有知识。

客户创意，能直接促进复杂软件系统创意的产生。Drucker 提出的六种创意源中，涉及两种客户。普通客户为复杂软件系统研发提出的新点子，可以通过市场调研来获取；领先用户提出的复杂软件系统创意，不仅满足他们自身工作需要，也具有相当的超前性和现实性。如目前的大型 ERP 系统，都留有用户的二次研发的标准函数和接口工具箱，鼓励领先用户根据具体的行业特征和业务实践，编写富有创意的软件模块。一旦软件研发团队确认了创意的价值，就会参考领先用户的创意改善复杂软件系统的研发，甚至通过市场化购买的方案，直接购买领先用户二次研发的软件模块，整合到现有产品中。

3.2.2　交互过程中产生的创意知识

研发团队与客户交互过程中产生的创意知识，既可能是双方直接面对面交流和沟通的产物，也可能是在一定工具下协助交互后的成果，具体可分为行为和偏好知识、感性知识、设计方案知识、客户反馈和建议等。本质上，这种类型的知识获取就是双方交互过程中，软件研发团队对客户客观行为不断地观察、记录、模仿，对客户主观意见不断归纳和总结，使复杂软件系统创意不断改进和完善的过程。

客户行为和偏好知识，指的是客户在使用复杂软件系统的交互过程中，形成的行为特征和习惯偏好，获取方法可以是研发团队成员在现场与客户深入沟通，也可以采取客户交互行为模式挖掘方法。在客户使用复杂软件系统创意的原型时，软件研发团队调整原型参数，同时采集客户行为和偏好知识，持续增量式积累到知识库中，再经由数据挖掘进行系统性知识发现，软件研发团队能有效地获得这种客户创意知识。

客户感性知识强调精神价值，指的是客户在使用复杂软件系统的交互过程中，获得的感官体验、操作体验，甚至反思。如在进行复杂软件系统的人机交互界面创意过程中，客户首先根据软件研发团队提供的创意构思图，形成对软件系统的直观感受，评价软件界面的美观性和艺术性；接着使用界面创意交互原型，进行交互界面的人体工学体验评价，如舒适性和易用程度；最后，在客户对软件界面创意的形成反思，包括其内心的愉悦感、认同感等。这些观感和体验知识具有高度的内隐性，一般是通过客户情感体验评价实验，利用粗糙集算法和神经网络算法进行模糊关联计算，建立客户对界面特征与感性词汇间的关联性来获取。另外，也可以开展实地调查与访谈，鼓励客户用若干感性词汇来描述与表达其主观偏好，并使用统计方法获取客户感性知识。

客户设计方案知识，是客户在与软件研发团队交互过程中，激发出客户原先模糊的知识，产生出双方都满意和认可的设计方案知识。一般情况下，客户和软件研发团队拥有的知识各有侧重。客户熟悉现有系统模式的优劣，但技术能力和前瞻性不足；软件研发团队拥有专业研发知识和技能，对未来技术发展趋势也把握很清晰。如果双方深入交互，将各自优势结合在一起，及时把软件研发团队的初始创意传递给客户，就能不断演进和完善创意的设计方案。这种交互过程产生的设计方案知识，需要为双方创建能促进共同理解的知识情境，可以采用面对面的直接交流方法获取，如研发团队邀请客户直接参与到系统研发的过程中，或者研发团队深入客户现场，共同形成设计方案。另外，也可以借助互联网平台的技术优势，以更低的成本、更大的规模获取客户设计方案知识。

客户反馈和建议，是对复杂软件系统创意的完善建议，或给出的评价反馈。这种知识一般都是客户以显性知识表述的，获取方法通常采用互联网的在线交互表单、电话回访、调查问卷等。

3.3　客户创意知识的特征

3.3.1　客户创意知识的复杂性

首先，客户创意知识复杂性，体现为成分复杂性，即客户创意知识组成要素的多样性、异质性。按照亚里士多德的观点，知识可以分为三种类型：用于揭示原理的知识，如数学、物理、逻辑；用来引导实践的知识，政治伦理、工程技术等；用来辅助创制的哲学、美学、艺术、文化等各种知识（苗力田，2003）。对于客户创意知识而言，第一类知识主要是客户的专有领域的抽象知识，帮助复杂软件系统团队深入理解该领域的基本科学原理和规律，使系统创意更具有科学性；第二类知识包括创新技术、客户需求、设计方案、操作知识、产品使用经验、技术学习总结、操作流程经验总结、参与设计等客户创意知识等，帮助团队理解客户的实际业务过程和经验，使系统创意更具有可行性；第三类知识包括行为特征、心理知识、感性知识、原始创意、产品评价意见、产品改善建议等客户创意知识，目的是使团队理解客户所处的社会知识情境，始终强调特定文化背景和以人为中心，使系统更具有价值性。因此，对客户创意知识复杂性，正如石中英（2001）所指出，知识的成分多样性、异质性，使其性质由客观性转向文化性，由普遍性转向境域性，由中立性转向价值性。

其次，客户创意知识复杂性，体现为知识关系复杂性，即知识联系呈现出的复杂网络特征，各个部分之间相互连接、嵌套和递归，特别是客户社群与研发团队之间存在复杂的知识网络关系。客户社会资本投射在客户创意知识网络中，不断扩展着网络规模和边界，关系复杂性也在动态改变。人际关系网络、知识网络、信息技术网络的融合和重叠，使知识点之间的连接关系呈现多方向、多层次性，构成客户创意知识联系的超网络结构。

3.3.2　客户创意知识的隐含性

客户创意知识包括显性和隐性两种知识，多具有隐性特征。如来自于客户的创意、需求、业务处理经验和习惯，以及情感、直觉、偏好、感悟等客户创意知识，包含了客户对亟待解决的领域难题的理解和看法，具有高度隐含性，往往涉及产品的文化和精神层面。如苹果公司智能手机操作系统——iOS 5 版本系统，采用一种名为 Radial Menus 的圆形菜单人机界面创意。这种创意是认真分析了几十万不同国家和地区的苹果手机客户的手指以及光标移动距离数据，听取了客户对菜单界面的高精准度水平需求，结合客户美学知识、感性知识、操作偏好和习惯等大量来自客户创意知识后推出，是客户对手机操作历史经验和感受的融合，形成了人机界面设计的创造性思考。

客户创意知识隐含性也体现在其路径依赖性上。客户拥有的创意知识，依赖在特定工作环境和背景下才能重现；研发团队与客户交互过程产生的知识，依赖于双方交流的特定时间、地点和环境。因此，完整地取得知识情境信息，能有效克服客户创意知识的路径依赖。

3.3.3　客户创意知识的模糊性

创意在诞生时一般都比较粗糙，在执行的过程中都必须根据变化着的权变因素和需要而改变或重构，经历多次反复和重重进化（李支东，2010），导致了创意知识需求的模糊性。因此，客户创意知识也具有很强的模糊性，必须随着创意深化才能逐渐提供。复杂软件系统创意深化的路径，可分为空间迁移和过程迁移。创意空间若从结构创意迁移到功能创意，或者功能创意迁移到行为创意，都伴随着创意粒度的细化，其对应的客户创意知识的模糊性将会降低，知识内容也更深入和具体。创意过程迁移发生在研发团队与客户不断交互过程中，双方共享彼此关于创意的看法和意见，同时激发出新的想法和知识，使客户创意知识不断地得到修正和扩充，逐步清晰和明确起来。

3.3.4　客户创意知识的抽象性

客户创意知识具有很强的抽象性。首先，研发团队通过集结全体成员对待解决问题的共同理解，提出复杂软件系统的初始创意，具有一定抽象性。这种从数量众多、差异鲜明的个体创意凝练成的反映团队共同理解的集体创意，本身就是高度抽象知识。其次，客户对初始创意的理解，形成了个体抽象知识。客户处在不同的社会知识情境，不同行业和领域，拥有的不同学科知识、业务技能、社会关系、文化背景，因此，不同客户对待复杂系统初始创意的态度、看法、观点千差万别，形成个体抽象知识。

3.4　客户创意知识与创意阶段的对应分析

与王静等（2009）提出的创意实现三阶段理论相似，复杂软件系统创意要经历创意产生、创意形成、创意筛选、创意修正等四个阶段，如图 3-1 所示。

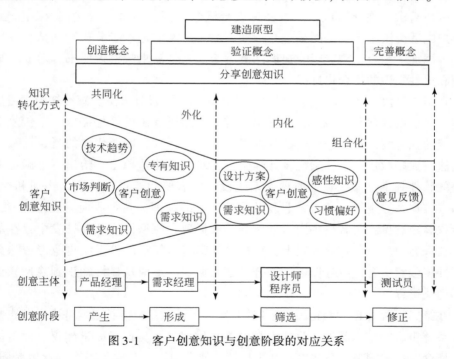

图 3-1　客户创意知识与创意阶段的对应关系

根据创意漏斗理论，复杂软件系统创意在早期敞口最大，创意粒度也最大，可以倒入许多尚未筛选的创意。随着创意过程延续，开口越来越小，留在漏斗中的创意不断减少，筛选标准也越来越严格。创意能够被市场和客户所接受，是否具有足够的商业价值，客户是关键和必要的评价者之一。因此，要进行复杂软件系统创意的筛选，需要具备充足的客户创意知识储备，在不同创意阶段依据不同的客户创意知识类型，同时对应不同的创意主体、采用不同的创意知识转化方式。

在第一阶段（创意产生），采用开放式知识获取，需要研发团队获取各种新技术知识、市场知识、环境知识、战略知识，涉及客户的客户需求知识。在研发团队内部，产品经理是负责创意宏观层面，按照公司战略定位，从提升客户价值和收益角度，提出复杂软件系统创意。这些内部创意与各种外部创意融合后，经过研发团队评价后形成了研发团队初始创意。在此阶段，利用对话和集体反思手段，产品经理和外部组织提出原始概念，推动隐性知识向显性知识转化的外化过程。为了理解这些概念，研发团队普遍采用比喻、类比、假设、模型等形式。

在第二阶段（创意形成），涉及客户需求知识、领域专有知识以及直接来源于客户的创意。需求经理负责创意微观层面，深化创意细节，确定复杂软件系统的功能、方案，并给出 UI 设计或交互式原型软件，进行需求调整和原型验证，满足特定客户需求。在此阶段，需求经理进行概念验证，通过阅读文档、召开会议、与客户电话交谈或者互联网络进行沟通，对客户需求进一步分析和确认，并分类整理、添加、结合，构造新的知识，最后给出软件需求规格说明书，形成了显性知识和显性知识的组合化过程。

在第三阶段（创意筛选），涉及客户需求知识、设计方案、感性知识、习惯偏好等。系统设计师和程序员，负责实现需求经理所提出的软件需求。基于复杂软件系统的独特性，很少采用传统软件瀑布式开发方式，取而代之的是各种敏捷开发方法。大多数情况下，系统设计师会首先对软件构造原型，给出一个满足需求规格的软件基本框架。在此阶段，系统设计师需要和客户进行深入沟通和交流，如深入客户企业现场，参与企业复杂业务流程的处理；在企业现场进行开发，直接听取客户意见；与客户每周召开例会，根据现有原型讨论软件开发中存在的问题，获取客户反馈。在此基础上，系统设计师将对复杂软件系统创意形成深刻理解，并将创意中合理成分保留，不合理部分抛除，形成从显性知识到隐性知识转化的内化过程。

在第四阶段（创意修正），主要涉及客户反馈和意见。技术服务人员负责复杂软件系统售后的技术服务，收集大量的客户抱怨、意见或者改进建议。此阶段为完善概念，技术服务人员将客户知识反馈给研发团队，完成了一次创意生命周期，使其螺旋式上升到一个新的层面。

无论是构造概念、验证概念、构造原型还是完善概念，都包含了隐性知识到隐性知识转化的共同化过程。初始创意的产生，是内外部创意融合后的隐性知识与研发团队全体成员隐性知识相互融合，形成共同理念的过程；需求经理与产品经理之间、客户之间进行细致的沟通，是三者达成共同理解的过程；系统设计师与程序员、客户之间的频繁交互，是三者找到共同体验的过程。共同理念、共同理解、共同体验贯穿了复杂软件创意的各个阶段，使得客户创意知识在研发团队和客户之间能够跨组织流动。

3.5 基于客户创意知识视角的重要客户识别

客户所提供的客户创意知识，对研发团队创意从产生到完善的过程起到重要作用。然而，并非所有客户都能提供高质量、有价值的知识。有些客户没有能力或不愿意提供知识，有些客户提供的知识对复杂软件系统创意过程的支持有限，增加了研发团队的时间和经济成本。因此，如何准确定位、选择重要客户，是研发团队高效地获取高质量的客户创意知识的关键。

3.5.1 客户重要度的衡量指标

客户创意知识重要度和客户网络节点重要度两个维度，本书试图构建重要客户的识别模型，并进行综合衡量和评价。

3.5.1.1 客户创意知识重要度指标

客户创意知识重要度，是指客户提供的创意知识支持复杂软件系统创意的重要程度。然而，目前文献尚无客户创意知识重要度的研究。一般认为，客户创意知识价值越大，越可能支持复杂软件系统创意过程，因此客户创意知识重要度也越高。因此，可以使用客户创意知识价值的重要程度来描述与刻画客户创意知识的重要度。

客户创意知识价值是指研发团队利用客户创意知识所创造价值与付出成本之差。其中，客户创意知识成本是研发团队获取这种知识而付出的代价，如对客户的激励措施、分类管理费用、渠道维护费用等，可以采用定量分析。然而，客户创意知识所创造价值，以及客户创意知识所付出的成本所涉及各种直接成本和间接成本，影响因素太多，计算过程复杂，难以准确度量。

因此，需要以一种新的思路来衡量客户创意知识重要度。首先，研发团队获取客户创意知识的根本目的，是用来支持复杂软件系统创意过程，而这样的知识通常是研发团队所缺乏的，即客户创意知识与研发团队知识具有互补关系，可以通过测量知识互补程度评价知识重要度。其次，作为研发团队知识补集，客户创意知识需要与研发团队知识领域相关，才能有效支持复杂软件系统创意过程。在实际工作中，客户创意知识领域关联程度可以简化为客户知识领域与研发团队知识领域的关联度，并且按照领域关联程度的大小确定知识重要度。最后，客户创意知识需要明确而清晰地传递给研发团队。通过判断客户表达能力，近似地看作表达准确程度，并且按照表达准确程度的大小确定知识重要度。因此，此处采用领域关联度、知识互补度、表达精确度三个指标（黄亦潇，2005），衡量客户创意知识重要度，可由研发团队的知识工程师，按百分制进行评价打分。

知识互补度，指的是客户创意知识对研发团队知识的补充程度。客户提出的创意知识，恰好可以弥补研发团队在这方面的知识缺陷和不足，较好地融合到研发团队现有知识体系中。知识互补性越强，客户创意知识重要度越高。

领域关联度，是指客户所从事行业和领域与研发团队知识领域的相关程度。相关程度越高，客户对复杂软件系统功能及其所处的市场情况了解得就越多，支持复杂软件系统创意过程的可能性越大，客户创意知识重要度也就越高。

表达精确度，指的是客户对创意知识表达的准确程度。具有较强知识表达能力的客户所表述的创意知识是清晰的、有依据的、有应用和转化可行性的。表达精确度越高，客户创意知识重要度越高。

3.5.1.2 客户网络节点重要度指标

目前，大规模复杂软件系统的研发工作，一般需要客户网络的帮助。通过跨越组织边界，利用组织间网络和个人非正式网络，将全球不同地区和不同行业的重要客户紧密联系起来，为研发团队提供必要的客户创意知识，支持复杂软件系统创意过程。

客户网络的研究起源于 Wenger 在 20 世纪 90 年代开始的实践社区研究（Cops），注重组织边界内，特别是社会结构比较简单的 Cops 内部，如一个研发团队内部成员之间的联系。随着更多学者对客户社群深入研究，实践社区概念不仅关注是社会网络内部的个体行动者，更关注这些行动者之间的各种关系，即对整个网络的展开探讨。一般情况下，客户网络中行动者的关系有三种形式。第一种是客户之间的正规约定关系，包括客户之间存在的业务关系、企业股权关系、代理关系等；第二种是客户之间熟人或偶有联系的人之间的非正规关系，如互相交换业务信息、分享有关产品的使用技巧、经验和改进策略等；第三种是有共同兴趣的同行、朋友之间建立的社会性联系，如行业的协会或网上社区等。在客户网络环境下，客户创意知识获取由对单个客户延伸到了对整个客户网络进行研究，并且包括了上述三种行动者关系。

在客户创意知识获取过程中，有些客户在客户网络中起到的枢纽作用，成为连接研发团队和更多客户的"桥梁"，维系着整个客户网络的知识流动。这些客户充分利用本身拥有的社会资本，积极参与客户网络活动，向其他客户转移或共享客户创意知识，进而向研发团队提供更多质量更高的客户创意知识，是客户网络中的重要节点。然而，若希望测量和识别上述具有枢纽作用的重要网络节点，借助社会网络分析（SNA）方法对客户网络的物理结构进行分析，并描述客户网络的隐含结构，首先需要给定客户网络节点重要度指标，即连接强度、连接质量、派系规模。

1）连接强度

连接强度指的是客户之间、研发团队与客户之间的交往频率。社会网络重要节点识别中，强连接起到重要作用（张晓棠，2012）。处于网络重要节点的客户，对客户网络的关系具有较强的控制能力、拥有较强的信任和声誉的领袖特征，可以积累大量的产品和服务方面技巧和经验，对客户网络中知识传播作用巨大。

连接强度使用中心度指标来度量。中心度过高的节点，对整个网络会形成潜在的风险。一方面，这些节点可能负荷过重；另一方面，一旦该节点移出网络，整个网络的连通性将受到影响。相反，过低的中心性会导致重要客户的缺失，不利于创意知识的流转。网络中心度衡量指标有两种，即程度中心性和中间中心度，用于考察识别客户网络的重要节点。衡量程度中心性为

$$C_D(n_i) = \sum_j x_{ij} \tag{3-1}$$

式中，x_{ij} 是 0 或 1 的数值，代表客户 j 是否与客户 i 有创意知识的交流；n 是整个网络的客户数量。程度中心性越高，则越可能成为客户网络重要节点。

2）连接质量

然而，强连接环境下的客户，在产品和服务方面大多经历相似，容易形成同质群体，研发团队难以获取更多的新知识，导致研发团队获取的客户创意知识冗余，影响知识获取效率。相对而言，弱连接嵌入在不同的客户网络中，拥有异质的知识源。这些节点连接处于本企业客户网络以外的其他客户网络，跨越不同知识源，在客观上起到沟通和连接网络中异质群体的桥梁作用。这些重要节点能够获取到对本产品和服务有负面感受的客户意见，在使用态度上更倾向于其他企业甚至是竞争对手，应该得到研发团队足够重视。

连接质量可以使用中间中心度指标来衡量。中间中心度是指在客户网络中所有的最短路径中，经过某客户的最短关系路径条数，反映客户控制一些创意知识通过和影响其他客户的能力，经过某一客户的关系路径越多，说明此客户控制其他客户创意知识交流的能力越强。中间中心度越大，说明在客户网络中对客户创意知识转移的作用越强。如果失去这个重要节点，那么通过该节点传递客户创意知识的最短路径就会改变，需要更多的步骤才能被研发团队所获取。因此，中间中心度较大的客户，在整个客户网络群中实际充当"桥"的作用，具有很强的知

识路径控制能力。中间中心度指标为

$$C_B(n_i) = \sum_{j,\ k=1,\ j\neq k}^{N} \frac{n_{jk}(i)}{n_{jk}} \tag{3-2}$$

式中，n_{jk} 是连接 j 和 k 的最短路径数量；$n_{jk}(i)$ 是连接 j 和 k 且经过节点的最短路径的数量。客户网络与重要节点的连接关系，如图 3-2 所示。

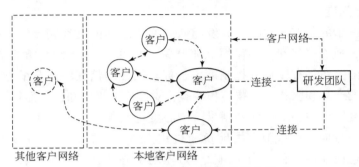

图 3-2　客户网络与重要节点的连接关系

3）派系规模

派系规模指客户网络中的关系紧密的客户所结成的小团体，是一种建立在互惠基础上的客户网络凝聚子群。大规模客户派系能充分利用网络的分布处理能力，与研发团队开展更频繁的交互学习，有效地提升客户创意知识贡献的幅度、深度和速度。因此，对于客户网络节点而言，所属派系规模越大，则客户网络节点重要度越高。

值得注意的是，通过社会网络分析研究客户网络节点重要度，首先降低了客户创意知识获取的难度和成本，使研发团队将时间和精力关注于客户知识获取的核心任务，找出影响知识流动的重要网络节点，提升知识获取效率；其次，通过扩大了客户创意知识的来源，不仅考虑了与研发团队直接联系的客户，也考虑了那些通过客户网络与研发团队间接联系的客户，充分利用了共同实践社区优势，实现了客户创意知识的社会化过程；最后，通过分析客户网络节点重要度，识别步骤明确，逻辑相对清晰，很容易根据客户之间的正式与非正式关系，快速而低成本的建立重要节点的样本集。

3.5.2　重要客户识别模型的建立

在识别重要客户时，不仅要分析客户所提供客户创意知识重要度，而且也要分析其所在客户网络中节点重要度。分析客户创意知识重要度的目标，是了解客户直接提供的客户创意知识价值的重要程度，即能清楚地表达行业领域紧密相关的客户创意知识，与研发团队知识形成高度互补。分析客户网络节点重要度的目标，是在整个客户网络上，考察每个节点间接提供客户创意知识的重要程度。对于客户网络上的重要客户存在三种识别结果。一是全部体现在客户网络节点重要度上，即为第Ⅰ类重要客户；二是全部体现在客户创意知识重要度上，即为第Ⅱ类重要客户；三是混合上述两种重要度的重要客户，需要对其综合评价和识别。

重要客户识别模型具有层次性，故使用 AHP 方法，对直接贡献和间接贡献进行层次分析，构建客户创意知识获取过程中的重要客户识别模型。

AHP 方法是定性分析和定量分析相结合的、多准则、层次化分析方法，将复杂问题分解成若干因素，按因素之间支配关系划分成目标层、准则层和方案层，通过两两相互比较，建立权重判断矩阵，统一处理模型中的定性和定量因素。AHP 方法被广泛应用在预测、决策、评估等系统工程问题上，特别适合于权重不确定性和存在主观判断的情况下，允许使用者仅依据指标的相对重要性，以合乎逻辑的方式分析复杂问题。

需要注意的是，由于重要客户识别模型具有多个层级，指标类型呈现多样性特征，因此需要根据客户创意知识获取过程的客观事实，综合专家、研发团队知识工程师、客户代表的主观判断，确定模型中的比较矩阵权重。

在客户创意知识获取过程中重要客户识别的基本步骤如下。

（1）问题分解，构建层次模型。整个重要客户识别模型分为 3 层，最上层为目标层，中间为指标层或测量层，最底层为测量层。目标层反映总体的客户重要度，指标层分为客户创意知识重要度和客户网络节点重要度两个部分。其中，客户创意知识重要度具体包括客户创意知识的数量和质量，客户网络节点重要度包括连接强度、连接质量、派系规模。测量层是对指标层的实际测量。贡献数量为实际发生数，质量为领域相关度、知识互补度、表达精确度；连接强度使用节点的程度中心度测量，连接质量采用中间中心度来测量，派系规模采用派系邻近度测量。重要客户识别层次模型，见图3-3。

（2）建立两两比较判断矩阵。对某层次因素（如 B_i）建立一个判断矩阵，用 b_{ij} 表示 B_i 对 B_j 的重要性。同时，建立的判断矩阵应该满足对角元素为 1，$b = 1$，$i = 1，2，3，\cdots，n$；同时右上角和左下角对于元素都互为倒数，即 $b_{ij} = 1/b_{ij}$；最后元素按照优先次序的传递关系为 $b_{ij} = b_{ik}/b_{jk}$。

（3）根据判断矩阵计算比较元素相对权重。用方根法计算 W 的分量 W_i，其中 $W_i = (\prod\limits_{j=1}^{n} b_{ij})^{\frac{1}{n}}$，$i = 1，2，\cdots，n$；对 $W = (W_1, W_2, \cdots, W_n)^{\mathrm{T}}$ 进行归一化处理，得到排序向量 $W^0 = (W_1^0, W_2^0, \cdots, W_n^0)^{\mathrm{T}}$；根据 $\sum\limits_{i=1}^{n} b_{ij}w_j = \lambda_{\max}w_j$，可以计算出 A 的最

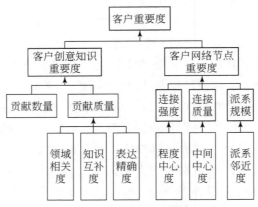

图 3-3　重要客户识别层次模型

大特征根 $\lambda_{\max}$ ，$\lambda_{\max} = \dfrac{1}{n} \sum\limits_{i=1}^{n} \left(\left(\sum\limits_{j=1}^{n} b_{ij} w_j \right) / w_j \right)$ 。

（4）计算各层次元素的组合权重。以层次模型为基础，进行层次单排序和层次总排序，计算方案层各方案相对目标层总目标的重要性。对于本模型的 4 层结构来说，假设其中第 k 层有 $4k$ 个元素，计算出 $k-1$ 层 $4k-1$ 个元素 A_1，A_2，$\cdots$，相对于总目标的组合排序权重向量，以及第 k 层 $4k$ 个元素 B_1，B_2，$\cdots$，相对于第 $k-1$ 层每个元素 $A_j(j = 1,2,\cdots,4k-1)$ 的单排序权重向量 $P_{i(k)} = (P_{1j(k-1)}, P_{2j(k-1)}, \cdots, P_{4kj(k-1)})^{\mathrm{T}}$，$i = 1,2,\cdots,nk$。其中不受 A_j 支配的元素权重取为 0。做 $4k \times 4k-1$ 阶矩阵 $P_{(k)} = (P_{1(k)}, P_{2(k)}, \cdots, P_{4k(k)})^{\mathrm{T}}$，那么第 k 层 $4k$ 个元素 B_1，B_2，$\cdots$，相对于总目标组合排序权重向量为 $W_{(k)} = (W_{1(k)}, W_{2(k)}, \cdots, W_{4k(k)})^{\mathrm{T}}$ 。

（5）总排序一致性检验 $\mathrm{C.R.} = \left(\sum\limits_{j=1}^{n} w_n \mathrm{C.I.}_j \right) / \left(\sum\limits_{j=1}^{n} w_n \mathrm{R.I.}_j \right)$ ，其中 $\mathrm{C.I.}_j$ 为上层元素 j 为准则一致性指标，$\mathrm{R.I.}_j$ 为平均随机一致性指标，当 $\mathrm{C.R.} < 0.1$ 可接受。

3.5.3　重要客户识别的实现过程

选取某软件研发企业在哈尔滨地区的客户网络，对研发团队获取客户创意知识的情况进行跟踪，通过发放调查问卷、数据收集、网络分析与客户重要度的计算，找出基于客户网络环境下的重要客户，以降低客户创意知识获取的成本，提升获取效率。所选取的研究对象为 20 家同行业内的不同客户，相互之间具有普遍的知识交流。运用社会网络中的整体网络分析方法，构建了一个 20 个行动者的数据模型，反映客户社群中客户间的关系特征。客户名称一律使用字母表示，并出现在下面的邻接矩阵数据中。客户创意知识转移路径的邻接矩阵，见表3-1。

表 3-1　客户创意知识转移路径的邻接矩阵

	A	B	C	D	E	F	G	H	I	J	K	L	M	N	O	P	Q	R	S	T
A	0	1	1	0	0	0	0	0	0	0	0	0	0	0	0	0	0	0	0	0
B	1	0	1	0	0	0	0	0	0	0	0	0	0	0	0	0	0	0	0	0
C	1	1	0	1	1	1	0	0	0	1	0	0	0	0	0	0	0	0	0	0
D	0	0	1	0	1	0	0	0	0	0	0	0	0	0	0	0	0	0	0	0
E	0	0	1	1	0	1	0	1	0	0	0	0	0	0	0	0	0	0	0	0
F	0	0	1	0	1	0	0	0	0	0	0	0	0	0	0	0	0	0	0	0
G	0	0	0	0	0	0	0	0	0	1	0	0	0	0	0	0	0	0	0	1
H	0	0	0	0	1	0	0	0	1	0	0	0	0	0	0	1	0	0	0	0
I	0	0	0	0	0	0	1	0	1	0	0	0	0	0	0	1	0	0	0	0
J	0	1	0	0	0	1	0	1	0	0	0	0	0	0	0	0	0	0	0	1
K	0	0	0	0	0	0	0	0	0	0	0	1	0	0	1	0	0	0	0	0
L	0	0	0	0	0	0	0	0	0	0	0	0	0	0	0	0	0	0	0	0
M	0	0	0	0	0	0	0	0	0	0	0	0	0	0	0	1	0	0	0	0
N	0	0	0	0	0	0	0	0	0	0	1	0	0	0	0	0	1	0	0	0
O	0	0	0	0	0	0	0	0	0	0	0	0	0	0	0	0	0	1	1	0
P	0	0	0	0	0	0	0	0	0	0	1	0	1	0	0	0	0	1	0	0
Q	0	0	0	0	0	0	0	1	1	0	0	0	0	1	0	1	0	0	1	0
R	0	0	0	0	0	0	0	0	0	0	0	0	0	0	1	0	0	0	0	0
S	0	0	0	0	0	0	0	0	0	0	0	0	0	1	0	1	1	0	0	0
T	0	0	0	0	0	0	1	0	0	1	0	0	0	0	0	0	0	0	0	0

　　通过实地调查获得20个行动者之间的客户创意知识转移路径，并根据数据建立一个20×20阶的邻接矩阵，如表3-1所示。其对角线没有实际意义，记作0。使用网络分析软件UCINET6.0进行分析，可以得到邻接矩阵转化所展现的路径网络直观图，如图3-4所示。

　　（1）构造层次模型。按照图3-4构建重要客户识别指标体系。

　　（2）构造两两判断矩阵。确定各层次元素的指标权重。采用Delphi评分法，请多位专家对客户重要度识别模型中要素两两比较，得出要素相对重要性的判断矩阵。要素的重要程度分为 1 至 9 个等级，重要程度逐渐上升，其中 1 为同等重要，9 为绝对重要。

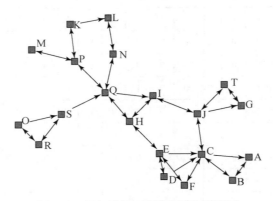

图 3-4 　客户创意知识转移网络直观图

（3）计算模型各层次权重。根据判断矩阵计算比较元素相对权重，利用 Yaahp 软件计算结果如表 3-2 所示。其中矩阵一致性判断系数 CR 的阈值预先设定为 0.1。如果 CR 大于 0.1，则成对比较矩阵不一致。如果 CR 小于 0.1，矩阵具有良好的一致性。判断矩阵的权重计算结果，如表 3-2 所示。

表 3-2 　判断矩阵的权重计算结果

客户重要度	客户创意知识重要度	客户网络节点重要度		W_i	CR
客户创意知识重要度	1	2		0.667	0.0000
客户网络节点重要度	0.5	1		0.333	
客户创意知识重要度	贡献数量	贡献质量	W_i	CR	
贡献数量	1	1	0.5	0.0000	
贡献质量	1	1	0.5		
客户网络节点重要度	连接强度	连接质量	派系规模	W_i	CR
连接强度	1	5	7	0.723	0.0624
连接质量	0.2	1	3	0.193	
派系规模	0.1429	0.3333	1	0.084	
贡献质量	领域相关度	知识互补度	表达精确度	W_i	CR
领域相关度	1	1/7	1/5	0.074	0.0624
知识互补度	7	1	3	0.644	
表达精确度	5	1/3	1	0.282	

（4）计算模型各层次组合权重。目标层受到一级指标、二级指标及具体指标权重的影响，得出各一级指标、二级指标和具体指标权重向量后，可以计算出各指标对于目标层的权重向量，从而得出重要客户识别体系指标总权重。组合权重的计算结果，如表3-3所示。

表3-3　组合权重的计算结果

一级指标	0.667		0.333	总权重
二级指标	0.5	0.5		
观测指标				
贡献数量	1			0.3334
领域相关度		0.074		0.0245
知识互补度		0.644		0.2145
表达精确度		0.282		0.094
连接强度			0.723	0.2406
连接质量			0.193	0.0642
派系规模			0.084	0.0288

（5）测量客户的创意知识重要度。每个客户提交的创意知识，都会被研发团队进行定量和定性分析，动态的评估客户创意知识重要度。客户提供创意知识具有时期特征，以月划分。在本例中，采集了客户社群全部20个客户2012年8月份的创意知识重要度的数据。其中，贡献数量为客户向研发团队直接提供创意知识的沟通次数，领域相关度、知识互补度、表达精确度为研发团队的知识工程师对当月该客户创意知识贡献质量评价的平均值，按百分记，如表3-4所示。

表3-4　客户创意知识重要度的指标测量

	贡献数量	领域相关度	知识互补度	表达精确度
A	31	60	80	70
B	4	60	75	85
C	22	75	50	60
D	7	60	90	60
E	14	60	70	60
F	2	60	55	85
G	11	30	55	80

	贡献数量	领域相关度	知识互补度	表达精确度
H	2	90	80	70
I	8	80	90	90
J	3	30	60	75
K	1	80	55	90
L	1	80	50	70
M	0	0	0	0
N	2	90	65	80
O	4	80	70	60
P	12	90	90	75
Q	45	90	80	80
R	19	90	90	90
S	2	50	50	70
T	4	30	60	40

（6）测量客户的网络节点重要度。使用 UCINET6.0 构建了客户创意知识转移网络后，对该网络中每个客户节点的连接强度、连接质量和派系规模进行分析。其中，反映连接强度的程度中心度指标见图3-5及表3-5，反映连接质量的中间中心度指标见图3-6及表3-6，反映派系规模的派系邻近度指标见图3-7及表3-7。

表3-5　程度中心度

序号	成员	程度中心度	标准化程度中心度	序号	成员	程度中心度	标准化程度中心度
3	C	6	31.579	11	K	2	10.526
17	Q	5	26.316	12	L	2	10.526
5	E	4	21.053	18	R	2	10.526
10	J	4	21.053	4	D	2	10.526
16	P	3	15.789	15	O	2	10.526
9	I	3	15.789	6	F	2	10.526
19	S	3	15.789	7	G	2	10.526
8	H	3	15.789	20	T	2	10.526
2	B	2	10.526	14	N	2	10.526
1	A	2	10.526	13	M	1	5.263

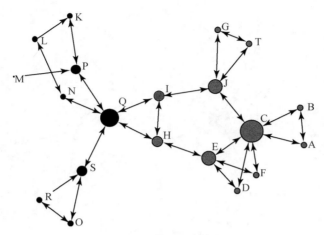

图 3-5 程度中心度直观图

表 3-6 中间中心度

序号	成员	中间中心度	标准化中间中心度	序号	成员	中间中心度	标准化中间中心度
17	Q	105	61.404	12	L	1	0.585
10	J	51.5	30.117	1	A	0	0
3	C	44.5	26.023	13	M	0	0
9	I	43.5	25.439	2	B	0	0
8	H	42.5	24.854	15	O	0	0
5	E	38	22.222	6	F	0	0
19	S	34	19.883	7	G	0	0
16	P	33	19.298	18	R	0	0
14	N	15	8.772	4	D	0	0
11	K	2	1.17	20	T	0	0

从表 3-5 看出，C 点、Q 点、E 点、S 点的程度中心度绝对值均在 4 以上，其中 C 点最高，标准化后的相对中心度为 31.579%，整个网络的程度中心度为 19.3%。从表 3-6 看出，Q 点、J 点、C 点、I 点和 H 点的中间中心度均在 40 以上，其中 Q 点值高达 105，标准化后的中间中心度为 61.404%，说明该点对控制了几乎整个网络一半的创意知识转移过程，其地位相当关键。而另外一些节点如 A 点、G 点、R 点等，中间中心度很低，意味着处于网络边缘，对整个网络创意知识转移的影响能力微乎其微。整个网络节点平均中间中心度为 52.02%。

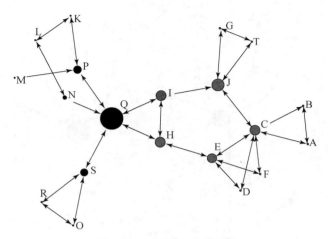

图 3-6　中间中心度直观图

表 3-7　派系邻近度

序号	派系 1	派系 2	派系 3	派系 4	派系 5	派系 6
A	0.333	0.333	1.000	0.000	0.000	0.000
B	0.333	0.333	1.000	0.000	0.000	0.000
C	1.000	1.000	1.000	0.333	0.000	0.000
D	1.000	0.667	0.333	0.000	0.000	0.000
E	1.000	1.000	0.333	0.000	0.333	0.000
F	0.667	1.000	0.333	0.000	0.000	0.000
G	0.000	0.000	0.000	1.000	0.000	0.000
H	0.333	0.333	0.000	0.000	1.000	0.000
I	0.000	0.000	0.000	0.333	1.000	0.000
J	0.333	0.333	0.333	1.000	0.333	0.000
K	0.000	0.000	0.000	0.000	0.000	0.000
L	0.000	0.000	0.000	0.000	0.000	0.000
M	0.000	0.000	0.000	0.000	0.000	0.000
N	0.000	0.000	0.000	0.000	0.333	0.000
O	0.000	0.000	0.000	0.000	0.000	1.000
P	0.000	0.000	0.000	0.000	0.333	0.000
Q	0.000	0.000	0.000	0.000	1.000	0.333
R	0.000	0.000	0.000	0.000	0.000	1.000
S	0.000	0.000	0.000	0.000	0.333	1.000
T	0.000	0.000	0.000	1.000	0.000	0.000

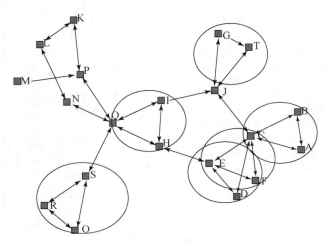

图 3-7 派系邻近度直观图

从表3-7可以看出,在以派系规模最小为3的假设条件下,得到6个派系:派系1(CDE);派系2(CEF);派系3(ABC);派系4(GJT);派系5(HIQ);派系6(ORS)。

因此,就20个客户的网络节点重要度,其连接强度、连接质量、派系规模的指标测量(程度中心度、中间中心度为百分比数值),如表3-8所示。

表3-8 客户网络节点重要度的指标测量

	A	B	C	D	E	F	G	H	I	J
程度中心度	10.526	10.526	31.579	10.53	21.053	10.53	10.526	15.789	15.79	21.053
中间中心度	0	0	26.023	0	22.222	0	0	24.854	25.44	30.117
派系邻近度	1.667	1.667	3.333	2	2.667	2	1	1	1.333	2.333
	K	L	M	N	O	P	Q	R	S	T
程度中心度	10.526	10.526	5.263	10.53	10.526	15.79	26.316	10.526	15.79	10.526
中间中心度	1.17	0.585	0	8.772	0	19.3	61.404	0	19.88	0
派系邻近度	0	0	0	0.333	1	0.333	1.333	1	1.333	1

(7)计算客户的总体重要度。将每个客户的创意知识重要度指标测量矩阵,与网络节点重要度指标测量矩阵合并后,形成增广矩阵,并进行标准化。与层次评价模型的权重向量之积,即得到2012年8月期间所有客户的总体重要度,如图3-8所示。

$$\text{总体重要度} = \begin{pmatrix} 0.457 & 0.133 & 0.174 & 0.144 & 0.106 & 0 & 0.188 \\ 0.059 & 0.133 & 0.163 & 0.175 & 0.106 & 0 & 0.188 \\ 0.324 & 0.167 & 0.109 & 0.123 & 0.317 & 0.31 & 0.376 \\ 0.103 & 0.133 & 0.196 & 0.123 & 0.106 & 0 & 0.226 \\ 0.206 & 0.133 & 0.152 & 0.123 & 0.212 & 0.265 & 0.301 \\ 0.029 & 0.133 & 0.12 & 0.175 & 0.106 & 0 & 0.226 \\ 0.162 & 0.067 & 0.12 & 0.164 & 0.106 & 0 & 0.113 \\ 0.029 & 0.2 & 0.174 & 0.144 & 0.159 & 0.296 & 0.113 \\ 0.118 & 0.178 & 0.196 & 0.185 & 0.159 & 0.303 & 0.15 \\ 0.044 & 0.067 & 0.13 & 0.154 & 0.212 & 0.359 & 0.263 \\ 0.015 & 0.178 & 0.12 & 0.185 & 0.106 & 0.014 & 0 \\ 0.015 & 0.178 & 0.109 & 0.144 & 0.106 & 0.007 & 0 \\ 0 & 0 & 0 & 0 & 0.053 & 0 & 0 \\ 0.029 & 0.2 & 0.141 & 0.164 & 0.106 & 0.105 & 0.038 \\ 0.059 & 0.178 & 0.152 & 0.123 & 0.106 & 0 & 0.113 \\ 0.177 & 0.2 & 0.196 & 0.154 & 0.159 & 0.23 & 0.038 \\ 0.663 & 0.2 & 0.174 & 0.164 & 0.265 & 0.723 & 0.15 \\ 0.28 & 0.2 & 0.196 & 0.185 & 0.106 & 0 & 0.113 \\ 0.029 & 0.111 & 0.109 & 0.144 & 0.159 & 0.237 & 0.15 \\ 0.059 & 0.067 & 0.13 & 0.082 & 0.106 & 0 & 0.113 \end{pmatrix} \begin{pmatrix} 0.3334 \\ 0.0245 \\ 0.2145 \\ 0.094 \\ 0.2406 \\ 0.0642 \\ 0.0288 \end{pmatrix} = \begin{pmatrix} 0.237399 \\ 0.105261 \\ 0.254057 \\ 0.123215 \\ 0.192794 \\ 0.08713 \\ 0.125566 \\ 0.125941 \\ 0.165162 \\ 0.140302 \\ 0.078894 \\ 0.072232 \\ 0.012752 \\ 0.093568 \\ 0.096956 \\ 0.174546 \\ 0.393757 \\ 0.186442 \\ 0.107095 \\ 0.085663 \end{pmatrix}$$

图 3-8　客户总体重要度

因此，得到基于客户总体重要度的客户排序，见表 3-9。

表 3-9　基于客户总体重要度的客户排序

序号	1	2	3	4	5	6	7	8	9	10
客户	Q	C	A	E	R	P	I	J	H	G
分值	0.394	0.254	0.237	0.193	0.186	0.175	0.165	0.14	0.126	0.126
序号	11	12	13	14	15	16	17	18	19	20
客户	D	S	B	O	N	F	T	K	L	M
分值	0.123	0.107	0.105	0.097	0.094	0.087	0.086	0.079	0.072	0.013

（8）识别重要客户。假设重要客户的入选率约定为 25%，则 Q、C、A、E 客户被遴选为客户创意知识获取过程中的重要客户。

从表 3-9 可以看出，Q 客户的总体重要度系数为 0.394，远远高出其他客户。原因是 Q 客户具有最高的客户创意知识贡献数量，与研发团队交互频繁，同时具有很高的领域相关度、知识互补度、表达精确度数值，并且 Q 客户也是整个客户社群的中心，是客户社群中最重要的创意知识源，第 Ⅱ 类重要客户特征更为明显。一旦离开将对研发团队与现有客户网络沟通形成巨大损失，应该重点维护和管理。实际调查中发现，Q 客户是当前软件产品领先用户，经常自主开发一些现场亟须的软件功能，如果将 Q 客户引入研发团队成为协同设计伙伴，将有效提升软件研发质量。

C 客户的总体重要度系数为 0.254，与 Q 客户有较大差距，但明显高于其他客户。C 客户在周期内提供客户创意知识 22 次，但知识互补度低，知识贡献质量较差。实际调查发现，C 客户是知识领域关联性一般的普通高校用户，侧重 ERP 软件教学问题而非现场实际应用。另外，C 客户起到了凝聚作用，是 3 个派系的连接点，第 Ⅰ 类重要客户特征更为明显。研发团队应该加强与 C 客户的联系，与其开展产学研合作，充分发挥 C 客户的桥接作用。除此之外，还可以分析 C 客户作为多派系节点的原因，积极培育可替代节点。

A 客户、E 客户与 C 客户都分别属于一个派系。A 客户积极向研发团队单独提供客户创意知识 31 次，亦明显比 C 客户能清晰地表达问题。从客户网络结构上，A 客户没有任何优势，处于客户网络边缘。E 客户在创意知识贡献的数量和质量上，都没有突出表现，但作为结构洞关联周边其他客户，起到传递大量的创意知识的重要作用。A 客户和 E 客户明显体现出第 Ⅲ 类重要客户特征，研发团队需要帮助他们在客户网络中建立更广泛的联系，或者激励他们更加独立地向研发团队提供重要创意知识，提升这类客户在客户网络中的价值。

3.6　本章小结

本章建立了复杂软件系统客户创意知识的核心概念，提出其划分为客户拥有的、研发团队与客户交互过程中产生的两类客户创意知识，明确了客户创意知识内涵，分析了其复杂性、内隐性、模糊性和抽象性特征，然后从复杂软件系统创意的四个阶段分析对应产生的客户创意知识类型。

本章提出了根据客户创意知识重要度、客户网络节点重要度两个维度，综合识别复杂软件系统研发中提供客户创意知识的重要客户。具体通过客户提供给研发团队的创意知识数量、知识领域互补度、知识领域关联性、知识表达精确度，测量客户创意知识贡献的数量和质量，衡量客户创意知识重要度；通过社会网络分析测量客户网络节点的连接强度、连接质量、派系规模等指标，衡量客户网络节点重要度。通过 AHP 法建立统一的客户重要度识别指标模型，综合衡量客户总体重要度来遴选重要客户，为高效获取客户创意知识提供了理论依据。

4 客户创意知识获取的知识情境交互与模型

复杂软件系统研发中客户创意知识获取与知识情境密切相关。Szulanski (2000) 认为，知识不同于情境，但知识具有情境嵌入性，没有情境的参与，知识获取方无法顺利获得知识源提供的知识。基于知识情境概念，通过分析客户创意知识获取过程中的知识情境加载、感知、差异分析、调整、匹配等主要步骤，进而建立了基于知识情境交互的客户创意知识获取模型，并对重要客户激励模型进行研究。

4.1 客户创意知识获取过程中的知识情境交互

4.1.1 知识情境概念与特征

知识情境，指知识创新和知识复用活动等相关的条件、背景和环境因素（郭树行，2008），是知识主体的内部因素和外部环境的综合性表述，涉及的要素众多。在客户创意知识获取过程中，知识情境是围绕复杂软件创意过程的相关知识产生和使用的具体背景和环境，具体划分为研发团队知识情境和客户知识情境两种。其中，研发团队知识情境是研发团队知识对应的内外部条件、背景和环境因素，与复杂软件创意产生、形成、筛选、实现过程相关；客户知识情境是客户创意知识所对应内外部条件、背景和环境因素，支持复杂软件系统创意过程。其中，研发团队与客户知识情境的类型划分与概念关系，如图4-1所示。

知识情境有多维度特征，且每个维度有多层次特征，可以进一步细分。徐金发（2003）等认为，知识情境具有文化、战略、组织结构和过程、环境、技术和运营五个维度。考虑到复杂软件系统研发中客户创意知识获取的具体背景，因此可以将知识情境划分为三个情境维度。其中文化情境维度，涉及客户或研发团队的组织文化、理念、愿景、心智模式、价值观等要素；业务情境维度，涉及复杂软件企业的组织结构、业务过程、资源配置等要素；技术情境维度，涉及复杂软件系统运行的软硬件环境配置、技术水平和条件、软件性能和质量等要素。三个情境维度包含的各种要素可以进一步划分出更低层维度，对知识情境进行细致描

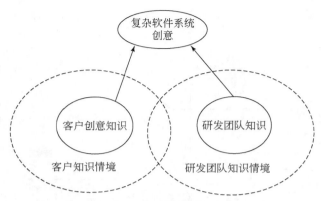

图 4-1 知识情境的类型划分与概念关系

述。客户和研发团队在知识情境维度上存在的差异，影响了双方对复杂软件系统创意达成相似认知的程度，进而影响双方对所需客户创意知识的理解程度。

知识情境具有动态性特征，体现为知识情境空间中的知识情境状态变化过程。所谓知识情境空间，即由三个维度构成的知识情境状态表达空间，每个知识情境状态总对应于知识情境空间唯一的点。假设研发团队知识情境状态表示为研发团队在知识情境空间的一点，客户知识情境状态表示为客户在知识情境空间的另一点，则可以观察到两者间的知识情境差异，即两点之间的空间距离。在双方的反复交流和思想碰撞过程中，客户知识情境状态在不断变化，研发团队知识情境状态也在不断变化，经过若干轮次的反复调整，最终双方知识情境状态将不断接近至一定距离，甚至可能重合。在研发团队与客户交互产生创意知识的过程中，客户知识情境的空间状态将不断变化，沿着某条曲线最后与研发团队知识情境的空间状态接近到一定程度，最后达到稳定状态，如图 4-2 所示。

例如，在大型 ERP 系统研发过程中，研发团队与客户从知识情境的不同维度，始终处于动态交互过程中。研发团队知识情境取决于团队成员的知识结构、教育背景、团队历史、业务领域、技术积累、研发设备现状等因素，客户知识情境取决于客户组织文化、企业愿景、业务流程、管理模式、软硬件基本条件等因素。从涉及因素类型划分，ERP 系统研发过程中双方知识情境具体作用在文化情境、业务情境、技术情境等三个子维度。在双方知识情境动态交互上，主要包括三个层次：

（1）ERP 系统研发过程具有共同的复杂软件系统创意目标，明确匹配客户创意知识需求内容。

（2）ERP 系统研发中的客户创意知识获取，本质上是双方知识情境交互的结

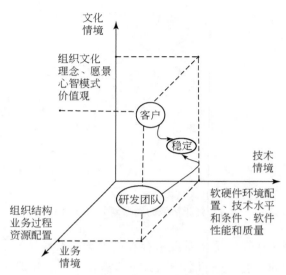

图 4-2 知识情境维度以及知识情境状态变化

果。通过双方知识情境交互，研发团队与重要客户进行跨组织间边界的知识互动，重要客户提供业务和操作方面的知识，研发团队则提供系统方面的知识，两方面知识相融合，生成具有情境化特征的客户创意知识。这种客户创意知识是新创造的知识，既不是研发团队成员头脑中的既有概念，也不是重要客户的现有知识。

（3）ERP 系统研发过程对双方知识情境具有反馈作用。一方面，能促使重要客户加深对现有知识理解，并促使其吸收研发团队的系统知识，客户知识情境发生变化；另一方面，研发团队需要客户不断澄清知识涵义，获得一定程度的客户创意知识，这样双方具备了共同知识，为其共同进行系统设计奠定了基础。

（4）ERP 系统研发过程，假设研发团队与多个客户进行交互，其各自知识情境空间状态的动态变化将非常复杂，知识情境状态调整要经过一个长时间的优化过程，才能形成相对稳定状态。

4.1.2 知识情境交互过程

Szulanski（2000）认为，知识转移可以通过获取方和发送方的知识情境进行的调整而实现。获取方根据自身知识需求，构建知识情境。一旦开始知识获取，通过获取方与提供方之间知识情境反复双向调整，逐步形成对客户创意知识的共同理解，然后分门别类地利用不同方法获取，具体的知识情境交互过程，如图 4-3 所示。

（1）知识情境加载。根据复杂软件系统的初始创意，软件研发团队构建满足自身知识需求的初始知识情境，并将其加载到与客户交互的应用环境中，明确客户创意知识的获取目标。

（2）知识情境感知。将客户引入包含了复杂软件系统创意的初始知识情境中，研发团队与客户进行反复知识情境交互，双方逐步形成对初始创意的相似性理解，进一步明确客户创意知识内容、性质、类型。依靠知识情境感知获得知识情境特征，测量研发团队与客户之间的知识情境相似度。

（3）知识情境差异分析。研发团队预先给定知识情境差异的可接受阈值范围，根据双方知识情境相似度分析知识情境差异，判断差异与可接受阈值的关系。若落在可接受最大阈值以外，双方则需要进一步调整知识情境；若落在最大阈值与最小阈值之间，则调整知识情境，同时获取客户创意知识；若低于最小阈值，则停止调整知识情境，进而获取客户创意知识。

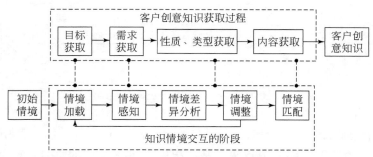

图 4-3 客户创意知识获取过程中的知识情境交互过程

（4）知识情境调整。若客户和研发团队的知识情境差异在阈值范围内，利用知识情境相似性程度进行排序，对差异性大且重要性的差异，逐一调整研发团队初始知识情境参数，重新带入客户体验环境，多次迭代直到知识情境差异达到预定的最小阈值。

（5）知识情境匹配。知识情境差异满足最小阈值后，形成双方对复杂软件系统创意具有相似性理解的共同知识情境，开始使用适当的客户创意知识获取方法执行获取过程。

4.1.3 知识情境交互计算

4.1.3.1 知识情境的形式化描述

在知识情境空间中，研发团队和客户的知识情境状态得到了直观表达，方便观察其动态变化过程，但缺乏必要的形式化描述。为了更有效地反映研发团队以及客户之间知识情境匹配过程，可以使用知识情境树来形式化描述研发团队或者客户的知识情境状态特征。

由于研发团队知识情境和客户知识情境属于知识情境的子类，因此具有形式统一性。基于知识情境的多维度特征和维度的多层次特征，若将研发团队或客户的知识情境看作根元素，三个知识情境维度看作二级节点，子维度看作三级节点，子维度取值看作叶子节点，则所有节点之间构成一个有序路径。因此，知识情境可以看作所有可能维度下若干路径的集合，构成一颗完整的知识情境树，如图4-4所示。

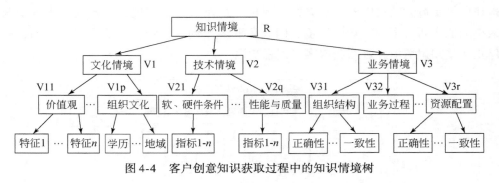

图4-4   客户创意知识获取过程中的知识情境树

定义1：假设 SG 是一个知识情境树，表示为 SG（R，V，L），其中 R 为知识情境的根；V 为知识情境的节点集，是除根以外所有节点的集合；L 为节点之间的关系。

定义2：节点可描述为 V（F，N，T，P，C，K），其中 F 为节点标识，N 为节点描述，T 为节点知识类型，P 为该节点的父节点标识，C 为该节点与父节点的关系，K 为节点对应知识的存放位置。

4.1.3.2   知识情境相似度的定义

为了对知识情境树的子维度叶子节点进行赋值，首先要测量所有的知识情境指标。然而，在客户创意知识获取过程中，知识情境的多维性和动态性特征，加之许多指标来自研发团队或客户的主观感受和判断，导致对知识情境直接测量存在一定困难。考虑到研发团队与客户之间的知识情境交互过程和目的，仅需要了解双方知识情境的相对差异，就可以进行适当的知识情境调整。因此，知识情境测量实际不需要测量指标绝对值，仅测量每个研发团队与客户之间的知识情境相似度即可。基于这种思路，知识情境直接测量问题也就转化为知识情境相似度的相对度量问题。在此基础上，对研发团队与客户之间的知识情境相似度进行定义。

定义3：假设研发团队知识情境为 a ，客户知识情境为 b ，则两者之间的知识情境相似度为 $S(a, b)$ ， $S \in [0, 1]$ 。当 $S = 0$ 时，表明研发团队与客户之间的知识情境完全不同；当 $S = 1$ 时，表明研发团队与客户之间的知识情境完全相同；当 $S \in (0, 1)$ 范围内，表明研发团队与客户之间的知识情境具有一定相似性。其中， S 取值越大，则双方的知识情境越接近。

研发团队与客户之间的知识情境相似度 $S(a, b)$ 是一个比值，无法与知识情境空间位置相对应。为了计算和表达方便，也可以将研发团队的知识情境作为参照系，即认为其始终处于知识情境空间状态点（1，1，1）的位置，所有客户的知识情境都是与研发团队的知识情境进行相对度量的结果，记作 $S(1, a/b)$ ，简称客户知识情境相对相似度。研究研发团队与客户知识情境的相似度归结为客户知识情境相对相似度，进一步简化研究对象。

知识情境相似度 $S(a, b)$ ，属于一种整体指标，需要进一步测量知识情境的每个维度和子维度的相对相似度。知识情境的每个维度由多个子维度节点构成，对子维度节点相对相似度加权后，向前层级汇总得到维度相似度；维度相似度加权汇总后得到最终整体相似度。

4.1.3.3 知识情境的感知计算

在知识情境相似度概念下，知识情境感知不是对情境具体特征的直接测量和分析，而是将研发团队与客户之间的知识情境子维度进行相对性对比和分析，即知识情境的感知计算过程。针对双方的知识情境子维度数据可能来源和特点均不同，需要采用不同知识情境感知方法获取相对相似度。对于分类概念采用主观判别法，取值非此即彼，如业务情境子维度的指标值，相同时相似度为 $S = 1$ ，不同时相似度为 $S = 0$ ；对于数量概念采用计数比法，相似度取值越大越好，如软硬件条件子维度的各项指标值，相似度为双方相同软硬件条件的数量与总数量之比；对于模糊概念如价值观、组织文化、行为特征、业务流程等概念采用主观评分法，用一个 $[0, 1]$ 的数值表示研发团队与客户知识情境子维度的各项指标相似度，模糊数取值越大，双方知识情境吻合程度越高，相似度越接近1。

需要注意的是，知识情境相似度是多维度知识情境相似度的加权平方和。因此，为了获得知识情境相似度，除了需要感知所有子维度的指标值相似度，还要感知和计算知识情境维度权重。

设 $X = \{x_1, x_2\}$ ，其中 x_1 为研发团队知识情境的某个子维度， x_2 为客户知识情境的相同子维度，即 x_1 与 x_2 具有相同结构。$G = \{f_1, f_2, f_3, \cdots f_n\}$ 是子维度属性集，$a_{ij} = f_i(x_j)$（$i = 1, 2, \cdots, m$；$j = 1, 2, \cdots, n$）是子维度 x_i 在 f_j 下的属性值，矩阵 $A = (a_{ij})_{m \times n}$ 为 X 关于属性集 G 的决策矩阵，$w = (w_1, w_2, \cdots, w_m)^T$ 为知识情境子维度属性的权重向量。其中，$w \geq 0$，$\sum_{i=1}^{m} w_i = 1$，H 为部分属性权重已知的权重集。若 H 为空集，则表示全部属性权重完全未知。特别需要指出的是，为了计算可行性，研发团队知识情境子维度 x_1 在属性集 f_j 下的取值均设定为 1，客户知识情境子维度 x_2 在属性集 f_j 下的取值则为相对相似度。

由于知识情境子维度属性 w_i 不能完全确定，或者完全不确定，所以采用不确定多属性方法计算 w_i 的取值（徐泽水和孙在东，2001）。

如果 $w = (w_1, w_2, \cdots, w_m)^T$ 是单目标优化模型（4-1）的最优解，则 $Z_j^* = \sum_{i=1}^{m} r_{ij} w_i$ 是知识情境 x_i 的子维度相似度理想值。即满足下列约束

$$\max Z(x_i) = \sum_{i=1}^{m} r_{ij} w_i, \; j \in N \tag{4-1}$$

$$\text{s. t.} \quad w = (w_1, w_2, \cdots, w_m)^T \in H \tag{4-2}$$

$$w \geq 0$$

$$\sum_{i=1}^{m} w_i = 1$$

如果 $w = (w_1, w_2, \cdots, w_m)^T$ 是单目标优化模型（4-3）的最优解，则 $Z_j^- = \sum_{i=1}^{m} r_{ij} w_i$ 是知识情境 x_i 的子维度相似度负理想值。即满足下列约束

$$\min Z(x_i) = \sum_{i=1}^{m} r_{ij} w_i, \; j \in N \tag{4-3}$$

$$\text{s. t.} \quad w = (w_1, w_2, \cdots, w_m)^T \in H \tag{4-4}$$

$$w \geq 0$$

$$\sum_{i=1}^{m} w_i = 1$$

假设构造 $u(x_i)$ 为知识情境 x_i 的子维度相似度的满意度，若

$$u(x_i) = \frac{z(x_j) - z_j^-}{z_j^* - z_j^-}, \; j \in N \tag{4-5}$$

知识情境子维度相似度满意度 $u(x_i)$ 越大越好。考虑到知识情境子维度相似度须在统一框架内比较，因此应该具有一致性的权重矢量 $w = (w_1, w_2, \cdots, w_m)^T$。为此，可以建立如下的多目标优化模型：

$$\max \mu = (\mu(x_1), \ \mu(x_2), \ \cdots, \ \mu(x_n)) \tag{4-6}$$
$$\text{s.t.} \quad w = (w_1, \ w_2, \ \cdots, \ w_m)^{\text{T}} \in H$$
$$w \geqslant 0$$
$$\sum_{i=1}^{m} w_i = 1$$

由于对知识情境子维度的具有一致性的权重矢量，为了求解模型（4-7），可以建立单目标优化模型：

$$\max \mu = \sum_{i=1}^{n} \mu(x_j) \tag{4-7}$$
$$\text{s.t.} \quad w = (w_1, \ w_2, \ \cdots, \ w_m)^{\text{T}}, \ w \in H$$
$$w \geqslant 0$$
$$\sum_{i=1}^{m} w_i = 1$$

设上述模型求出的最优解是 $w^* = (w_1^*, \ w_2^*, \ \cdots, \ w_m^*)^{\text{T}}$，同时将得到知识情境子维度整体相似度：

$$Z(x_i) = \sum_{i=1}^{m} r_{ij} w_i^*, \ j \in N \tag{4-8}$$

4.1.3.4 知识情境的差异分析计算

对于研发团队与客户的知识情境相似度，需要对所有子维度节点的知识情境相似度加权求和，不断向上一层维度累计，直到知识情境根节点，得到最终整体相似度结果。根节点相似度加权和越高，则研发团队与客户对复杂软件系统创意的共同理解程度越高，知识情境的差异越小。

$$S(D_v) = \sum_{i=1}^{n} w_i S(v_i) \tag{4-9}$$

$$S = \sum_{k=1}^{3} w''_k \sum_{j=1}^{m} w'_{kj} \sum_{i=1}^{n} w_{kji} S(v_{kji}) \tag{4-10}$$

如公式（4-10）所示，假设 w_{kji} 为第 3 层子维度所包含第 i 个属性的权重，$S(v_{kji})$ 为对应子维度 D_v 所包含第 i 个属性的知识情境相似度，则 $S(D_v) = \sum_{i=1}^{n} w_{kji} S(v_{kji})$ 表示子维度 D_v 所包含的 n 个节点知识情境相似度加权和。同理，假设 w'_{kj} 是第 2 层子维度个分量权重，$\sum_{j=1}^{m} w'_{kj} \sum_{i=1}^{n} w_{kji} S(v_{kji})$ 表示包含了 m 节点知识情境相似度的加权和；最后，知识情境第 1 层包含 3 个维度，$S =$

$\sum\limits_{k=1}^{3} w''_k \sum\limits_{j=1}^{m} w'_{kj} \sum\limits_{i=1}^{n} w_{kji} S(v_{kji})$ 表示包含了 3 个节点知识情境相似度的加权和，即整个知识情境相似度。

4.1.3.5　研发团队知识情境状态的调整计算

计算出研发团队与客户之间的知识情境相似度后，需要对根据知识情境相似度差异进行情境调整计算。在客户创意知识获取过程中，虽然客户知识情境状态也不断动态变化，但研发团队只能调整团队自身知识情境状态。

不失一般性地，假设研发团队与 n 个客户同时进行知识情境交互，在计算每个客户相对研发团队的知识情境相似度后，研发团队试图在知识情境空间中寻找一个新的知识情境状态的位置，保证与 n 个客户知识情境状态之间的欧氏距离平方根最小，从而建立新的研发团队的目标知识情境转移状态。

（1）知识情境状态调整的位置。假设客户 x_i 知识情境相似度表示为 $Z(x_i)$，代表其在知识情景空间中的状态点，存在客户 x_1、x_2、x_3。假设研发团队知识情境状态，位于知识情境空间中的 G 点 （1，1，1），如图 4-5 所示。

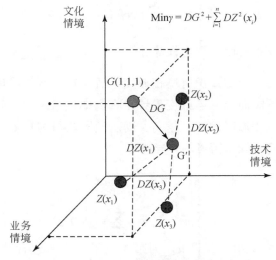

图 4-5　研发团队知识情境状态的位置调整

假设在知识情境状态空间中寻找一点 G'，该点与所有客户 x_i 的知识情境相似度 $Z(x_i)$ 的空间欧氏距离记作 $DZ(x_i)$，该点与研发团队知识情境状态 G 的空间欧氏距离记作 DG，则在满足该点与所有客户 x_i 的知识情境状态及研发团队知识情境状态 G 的欧氏距离平方和 γ 最小时，即

$$\mathrm{Min}\gamma = DG^2 + \sum_{i=1}^{n} DZ^2(x_i) \qquad (4-11)$$

则点 G' 为研发团队与所有客户 x_i 知识情境相似度最接近的知识情境状态，即研发团队知识情境调整的目标位置。

（2）知识情境状态调整的程度。将所有客户知识情境相似度从低到高的顺序排列，并用向量 Q 来记录客户知识情境各个维度的相似度，记作 $Q_f = (S_{f1}, Sf_{f2}, S_{f3}, \cdots, S_{fn})$，其中 f 为客户知识情境维度标识，S_i 为客户知识情境相似度排序后的向量序列，则构成 $n \times 3$ 的 QS 矩阵：

$$\begin{matrix} Q_1 \\ Q_2 \\ Q_3 \end{matrix} \begin{bmatrix} S_{11} & S_{12} & S_{13} \cdots S_{1n} \\ S_{21} & S_{22} & S_{23} \cdots S_{2n} \\ S_{31} & S_{32} & S_{33} \cdots S_{3n} \end{bmatrix} S_{fi} \in Z \qquad (4-12)$$

假设对于 $n \times 3$ 的 QS 矩阵，每行对应一个排序后客户知识情境维度相似度向量 $(S_{f1}, Sf_{f2}, S_{f3}, \cdots, S_{fn})$。若有 QS'，满足 $QS = (S_{f1}, Sf_{f2}, S_{f3}, \cdots, S_{fn})$ 对应于 $QS' = (S'_{f1}, Sf'_{f2}, S'_{f3}, \cdots, S'_{fn})$，且 $QS \cup QS'$ 为全集，则 QS' 为 QS 在每个知识情境维度上的补情境。研发团队须按照补情境 QS' 的引导在每个知识情境维度进行调整。由于 QS 是按知识情境维度相似度从小到大排列，因此补情境 QS' 是按知识情境维度差异度从大到小排列。

按公式（4-11）计算，研发团队可以得到新的知识情境状态 G' 点，假设调整到 G' 对应的知识情境维度分别为 (p, t, b)。由于在研发团队知识情境空间状态的初始位置为 G 点（1，1，1），因此，需要研发团队应该在知识情境的文化维度，按照补情境 QS'_1 调整 $(1-p)$ 个单位，技术维度的补情境 QS'_2 调整 $(1-t)$ 个单位，业务维度的补情境 QS'_3 调整 $(1-b)$ 个单位。

当研发团队知识情境调整到 G' 位置，使得 G' 与现有客户 x_i 的知识情境状态在知识情境空间状态保持最大相似度。研发团队在客户应用环境中加载新的知识情境 G' 后，所有客户 x_i 将与位于 G' 点的研发团队知识情境交互，并重新设定 G' 为（1，1，1）点，进行下一轮的客户知识情境感知、差异分析，并调整研发团队知识情境为 G'' 点。随着客户知识情境相似度在不断增大（不断接近于1），因此多次迭代后，研发团队与客户之间的知识情境差异将不断缩小，有可能进入可接受阈值范围，小于事先设定的数值 ε，即达到知识情境匹配，停止在知识情境 $\hat{G}$。

4.2　客户创意知识获取模型

4.2.1　客户创意知识获取模型的建立

知识情境交互贯穿并交织在客户创意知识获取的全过程中，从创意知识需求提出到知识类型识别，直至客户创意知识内容取得，以及下一个阶段的知识需求形成，深刻地影响着客户创意知识获取模型的建立。其中，最直接的作用是明确了客户创意知识获取过程中的参与主体、操作基础、目标任务，以及获取方式、获取对象等重要问题，为客户创意知识获取模型的建立做好了理论铺垫。

复杂软件系统研发中的客户创意知识获取的参与主体，是软件研发团队和客户。客户创意知识获取不仅受到主体本身的认知能力、知识结构和思维模式限制，也受到来自于组织文化、组织愿景、交互氛围、激励机制、创意任务、构思或原型等方面的客观背景限制。因此，客户创意知识获取的本质，是软件研发团队和客户在主观条件和在客观条件的限制下，进行反复交互，最终实现客户拥有的创意知识、共同创造的创意知识向软件研发团队的转移的过程。

复杂软件系统研发中的客户创意知识获取的操作基础，是知识情境。从操作主体不同划分为研发团队知识情境和客户知识情境；从操作顺序上可以划分为初始知识情境、调整知识情境、共同知识情境三种，三者关系反映了知识情境迁移过程。首先需要有一个复杂软件系统初始创意，即产生一个初始知识情境，作为双方知识情境交互的基础。其次，研发团队给出包含有复杂软件系统创意的初始知识情境后，向客户知识情境迁移；客户体验初始知识情境后，积极适应研发团队知识情境的特征和内容，形成调整知识情境。再次，研发团队知识情境和客户知识情境要进行深度交互，使两者差异降至最低。随着两种知识情境达到一定程度的匹配，形成具有相似性理解的共同知识情境。

复杂软件系统研发中的客户创意知识获取的主要任务，是在研发团队与客户之间的知识情境交互过程中，不断明确客户创意知识需求、性质、类型，并持续获取客户创意知识内容。首先，研发团队给客户一个知识需求的目标信号。通过双方的深度知识情境交互，对目标信号达成相似性理解，客户按照研发团队的知识需求准确提供高质量的目标知识。在此过程中，客户实际确认了客户创意知识获取的有效性，特别是对需求知识和专有知识的确认，使客户创意知识获取效果得到保障。其次，双方知识情境交互过程明确了客户创意知识获取的内容和类型。没有合适的知识情境，可能导致知识含义不能得到完整的理解或被错误的理解。

这是因为，知识情境不仅覆盖了软件研发团队的社会、文化、组织特征，也囊括了客户的活动模式、行为操作等要素，形成软件研发团队和客户之间的知识融合。研发团队与客户沉浸在共同的创意氛围中，体验团队研发文化、目标和任务，对复杂软件系统创意有了更深一层的理解。双方通过自然语言描述、软件框架图、系统构思图、系统原型等方式进行反复交流，明确了对创意的共同理解，也就隐含地明确了所需创意知识的内容和类型。

复杂软件系统研发中的客户创意知识获取的方式，是一种新颖的"双向获取"。在传统"单向获取"知识获取方式下，研发团队搜索知识源，从知识源单向获取所需的知识，存在获取效率低、成本高的缺点。在"双向交互"知识获取方式下，研发团队通过初始知识情境，与客户建立双向知识传递。研发团队的想法和创意，与客户的想法和创意不断互相启发、激发、碰撞和交换，在一定程度上达到共鸣，因而双方知识情境维度相似性很高，形成知识情境匹配。在共同知识情境下，研发团队和客户之间的"知识势差"降至最低，双方完成了客户创意知识的互补。

复杂软件系统研发中的客户创意知识获取的对象，是客户本身拥有的创意知识，或者获取与客户交互过程中产生的创意知识。通过判断双方知识情境维度相似性是否满足阈值条件，在知识情境交互过程中或者共同知识情境下，客户不仅可以提供关于复杂软件系统创意的功能需求知识、行为特征知识、感性知识、领域专有知识等，还可以交互伴生出客户创意、设计方案等知识。

上述客户创意知识获取各种要素的情境相关特征，决定了基于知识情境交互的客户创意知识获取模型的结构特点。该模型主要包括三个部分：创意层面要素及其过程、知识情境层面要素及其过程、客户创意知识获取层面要素及其过程。

在创意层面上，初始创意可能来源自于研发团队内部，也可能从研发团队外部产生，但都需要研发团队正式确认。Weisberg（1999）认为，创意起源于特定的领域知识。前者结合了企业产品战略定位、现有产品特征、产品设计理念等知识，以及产品设计标准等知识而形成，具有很大的概念模糊性和不确定性；后者是软件研发团队把来自外部的新想法和创意进行整合，再参考研发团队企业所积累的项目经验和研发知识而形成，最终由研发团队提出。其过程如图4-6所示。

在知识情境层面，目标是提高研发团队知识情境和客户知识情境的迁移效果，即双方知识情境相似度。由于客户对具体业务条件、背景、环境与场合，形成了惯用的思维方式和操作习惯，可能不同于复杂软件系统研发团队对客户使用预期，所以客户知识情境与研发团队知识情境存在一定差异。因此，需要将研发团队知识情境与客户知识情境进行双向迁移，使客户知识情境与研发团队知识情境相

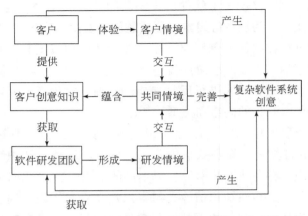

图 4-6　基于知识情境交互的客户创意知识获取模型

匹配。

在知识获取层面，当研发团队知识情境与客户知识情境达到一定相似性程度时，即可以形成双方认同的共同知识情境。共同知识情境连接复杂软件系统创意和创意知识获取两个过程。一方面，共同知识情境融入了客户对初始系统创意的理解，研发团队根据共同知识情境实现初始创意的修正和完善。另一方面，共同知识情境为客户创意知识获取提供了必要基础，双方对复杂软件创意的内涵都变得明确而清晰。在构建共同知识情境的过程中，客户不仅贡献其拥有的创意知识，而且将与软件研发团队交互产生更多新的创意知识，最大限度满足研发团队对复杂软件系统研发过程中的创意知识需求。这些客户创意知识以多轮增量的方式不断被研发团队所获取。

4.2.2　客户创意知识获取模型的特征

从图 4-6 可以看出，基于知识情境交互的客户创意知识获取模型中，始终强调在创意过程、知识情境过程、知识获取过程三者之间保持高度协同，客户创意知识获取过程与知识情境过程、创意过程紧密交织。如图 4-7 所示。

首先，复杂软件系统创意过程与知识情境过程保持协同。在复杂软件系统研发过程中，系统创意始终处于不断调整的动态过程，即从初始创意、调整创意到最终创意的不断变化过程。研发团队根据复杂软件系统初始创意，物化手段构建出初始知识情境；创意在客户知识情境中深化和不断验证，并与研发团队知识情境反复交互后，凝练为共同知识情境，并调整初始创意。随着复杂软件系统创意阶段的迁移，创意状态始终与知识情境变化保持一致，直至最后形成与共同知

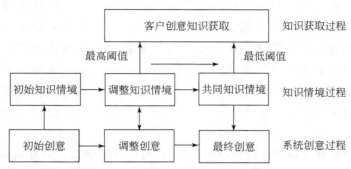

图 4-7　创意过程、知识情境过程、客户创意知识获取过程的协同

情境相对应的最终创意。

其次，知识情境过程与客户创意知识获取过程保持协同。在模型中，客户知识情境与研发团队知识情境进行深入交互，发现相互知识情境差异后，不断调整各自知识情境。如果研发团队认为特定客户的知识情境相对相似度在可接受的最大阈值范围内，在继续调整知识情境的同时，尝试进行客户创意知识获取；如果相似度进入最小阈值范围内，即达到共同知识情境，停止调整知识情境。因此，知识情境从初始状态到共同状态的调整过程，都伴随着客户创意知识获取活动。

最后，客户创意知识获取过程与复杂软件系统创意过程保持协同。客户创意知识获取的结果要进行研发团队知识库中，以支持复杂软件系统创意从产生到完善的过程。考虑到研发团队知识库的庞大和复杂，为了减少存储和检索时间，客户创意知识获取过程能与客户创意匹配，直接有效地支持复杂软件系统创意，并在使用过程中进入研发团队知识库。随着创意阶段的迁移，创意过程与客户创意知识获取过程始终对应，保持两者协同提升。

4.3　客户创意知识获取过程中的委托代理规则和激励模型

4.3.1　客户创意知识获取过程中的委托代理规则

知识情境交互过程使双方相互深入理解，有利于研发团队从复杂软件系统客户获取更高质量的创意知识。为了提升客户贡献创意知识的主动性，使其积极为研发团队提供重要的客户创意知识，并鼓励客户尽可能带动整个客户网络提供客户创意知识，研发团队必须对客户进行某种适当的物质和精神激励，即建立一种客户创意知识获取过程中的激励模型。

从上述分析可知，复杂软件系统客户创意知识获取过程涉及研发团队和客户两个角色。如果以知识贡献价值为标准，客户可以划分为重要客户和普通客户两种，其中重要客户能够在客户社群对普通客户具有很强影响力和网络控制能力，获取更多普通客户的创意知识。因此，研发团队作为博弈的委托方，重要客户作为代理方，双方形成委托–代理关系。在这个委托–代理博弈中，研发团队希望重要客户能提供他们所拥有的、与研发团队交互过程中激发出来的创意知识。

这种客户创意知识获取过程中的委托–代理的博弈关系，存在着一些重要的特点和规则。其一是博弈过程中，研发团队对重要客户的情况具有信息不对称特点，研发团队不清楚重要客户的知识存量，也不清楚他们提供知识的努力程度。在客户提供创意知识过程中，客户对自身知识储备、沟通能力、总结和归纳能力充分了解，而研发团队却难以观察并监督。其二，在客户社群中可能存在多个重要客户同时为研发团队提供创意知识，上述的委托–代理关系是一种典型的单委托–多代理关系，具有相当的复杂性。其三，重要客户彼此之间既存在着一定的竞争关系，还存在着一定的合作关系。如果是同一个领域的复杂软件系统重要客户，则他们之间的知识重叠内容较多，首先提供某种知识的客户将获取更大的回报。相反，如果重要客户之间的行业差异较大，则他们各自拥有独特的专业知识，彼此知识互补性较强，可能相互交流和学习，进而产生新的知识，获取一定知识补偿。

基于委托–代理的博弈关系下客户创意知识获取的原则是，尽量获取更多的新知识，避免旧知识冗余。这就要求每个客户努力挖掘自身的知识，同时与研发团队交互，提供更多新知识。同时，尽最大努力提供比其他重要客户具有竞争优势的新知识。对于冗余的旧知识，研发团队提供最低的补偿。

因此，研发团队需要设计一种合约，激励重要客户尽自己最大努力，积极地、真实地提供创意知识。这种激励机制要求能够保证双方的利益最大化，并且使客户能积极地接受这样一种合约。

4.3.2 基于委托代理的客户创意知识获取激励模型建立

4.3.2.1 问题的描述与模型的建立

为了研究方便，假设博弈对象仅由 1 个研发团队和若干个重要客户构成，每个重要客户向研发团队提供自身的客户创意知识。研发团队只要通过一定的物质或者精神奖励，就可以引导重要客户按照研发团队的创意需求，一方面努力提供自身的客户创意知识；另一方面作为客户社群网络中的重要影响节点，积极地汇集更多客户的高质量客户创意知识。

不失一般性，假设所有重要客户选择个体知识贡献的努力程度集合为 A，其中 $a \in A$ 是客户可能选择的一个努力程度。对于知识贡献问题，每个重要客户都选择一个策略，所有策略就构成了一个向量 A'，则 $A' = \{a_1, a_2, \cdots, a_n\}$，其中第 i 位客户的产出函数为

$$\pi_i(a_i) = p_i a_i + \sum_{j=1}^{n} k_{ij}(a_i - a_j) + \sum_{j=1}^{n} u_{ij} q_i a_i + \theta_i \qquad (4\text{-}13)$$

式中，a_i 为第 i 位客户的努力程度，p_i 为产出系数，k_{ij} 为知识转移系数，即客户竞争性提供知识过程中，由于自身努力首先提供知识而得到的产出。如果 $a_i > a_j$，则客户 i 独享知识重叠部分的产出。u_{ij} 为客户 i 与客户 j 知识共享部分的产出，q_i 为客户 i 的知识存量。另设 θ_i 是外生随机变量，$\theta_i \in H$，H 是 θ_i 的可能取值范围。θ_i 均值为 0，方差为 σ_i^2，不受研发团队和客户主观意志控制。

当重要客户 i 决定采取某种努力程度 a_i 后，联合该状态下的外生变量 θ_i，共同构成了一个可以预测的结果，记作 $x_i = x_i(a_i, \theta_i)$，其中 x_i 视为客户向研发团队提供的客户创意知识的次数。在 x_i 的基础上，研发团队要对这些客户创意知识进行评价和判断，其中真正用于复杂软件创意的部分 x_i'，由研发团队知识工程师提供，并假设评价是公开和公允的。

在客户创意知识获取过程中，研发团队可能要付出四种成本。其中，从研发团队的角度，研发团队内部需要支付给知识工程师报酬 w_1，用于对收集的客户创意知识的适用性进行判断，以评价客户创意知识有效贡献率；研发团队外部还需要构建和维护客户关系网络，采用各种形式和手段与客户沟通，需要支付成本 w_2。对于客户，他们提供了自身的创意知识，付出了时间、精力、金钱一般性努力并承担一定的风险，应当给予对应数量的回报，构成了客户固定成本 w_3；为了激励客户能够更加努力地提供高质量的创意知识，提升知识有效贡献率，全面搜寻个体储备的知识，利用网络上的节点优势从其他客户处获取创意知识，为更深刻地理解初始创意内涵而与研发团队进行深入交互所付出的努力，构成向客户支付激励成本 w_4。同时认为，研发团队获取客户创意知识的总价值，全部用于支付获取成本。因此，上述四种成本要在研发团队和客户之间进行比例分配。

对于重要客户而言，在知识贡献过程中固定收入为 g_i，完全依靠研发团队所提供的知识获取奖励，则作为委托人的研发团队要支付给重要客户的奖励为

$$s_i(\pi_i) = g_i + \lambda_i \pi_i \qquad (4\text{-}14)$$

通常，研发团队认为风险中性，即研发团队不介意风险，则有 $v'' = 0$，v' 为常数。事先假设 λ_i 为每个客户所分享的份额，$0 \leqslant \lambda_i \leqslant 1$，研发团队的比例也就为

$1 - \lambda$。因此，研发团队的实际收入为 $\pi_i - s_i(\pi_i)$。设研发团队的效用函数为

$$Ev \sum_{i=1}^{n} [\pi_i - s_i(\pi_i)] = E \sum_{i=1}^{n} [\pi_i - g_i - \lambda_i \pi_i]$$

$$= \sum_{i=1}^{n} (-g_i + (1 - \lambda_i)(p_i a_i + \sum_{j=1}^{n} k_{ij}(a_i - a_j) + \sum_{j=1}^{n} u_{ij} q_i a_i)) \quad (4-15)$$

如果重要客户成本为知识贡献努力成本 $c_i(a_i)$，满足 $c_i(a_i)$ 严格单调增函数，则 $c_i' = \dfrac{\mathrm{d}c(a)}{\mathrm{d}a} > 0, c_i'' = \dfrac{\mathrm{d}c'}{\mathrm{d}a} < 0$。为了简化运算，设 $c_i(a_i)$ 等价于货币成本，具体为 $c_i(a_i) = \dfrac{b_i a_i^2}{2}$，这里 $b_i > 0$ 为成本系数。另外，设 ω_i 为客户的实际收入，则

$$\omega_i = s_i(\pi_i) - c_i(a_i) = g_i + \lambda_i(p_i a_i + \sum_{j=1}^{n} k_{ij}(a_i - a_j) + \sum_{j=1}^{n} u_{ij} q_i a_i) - \frac{b_i}{2} a_i^2$$

$$(4-16)$$

这里，客户 i 属于 Arrow-Pratt 绝对风险规避型，即延误风险。因此 $\rho_i = \dfrac{u''}{u'} > 0$，$\rho_i$ 为客户 i 的绝对风险规避度，则效用函数为负指数函数为

$$u_i = - \mathrm{e}^{-\rho w_i} \quad (4-17)$$

考虑到客户 i 确定性等价收入 x_i，则 $u_i(x_i) = Eu_i(\omega_i)$ 为确定性等价收入效用函数，即

$$- \exp(-\rho_i x_i) = \int [-\exp(-\rho_i \omega_i)] f(\omega_i) \mathrm{d}\omega_i \quad (4-18)$$

得到

$$x_i = g_i + \lambda_i(p_i a_i + \sum_{j=1}^{n} k_{ij}(a_i - a_j) + \sum_{j=1}^{n} u_{ij} q_i a_i) - \frac{b_i}{2} a_i^2 - \frac{\rho_i \lambda_i^2 \sigma_i^2}{2} \quad (4-19)$$

又由于 $E\omega_i = g + \lambda(p_i a_i + \sum_{j=1}^{n} k_{ij}(a_i - a_j) + \sum_{j=1}^{n} u_{ij} q_i a_i) - \dfrac{b_i}{2} a_i^2$，所以确定性等价收入 $x_i = E\omega_i - \dfrac{\rho_i \lambda_i^2 \sigma_i^2}{2}$。其中，$\dfrac{\rho_i \lambda_i^2 \sigma_i^2}{2}$ 就是客户 i 为了获取确定性等价收入而支付的保险成本。

设 ϖ_i 为客户 i 要求的最低收入水平，当 $x_i < \varpi_i$ 时，客户不愿意提供创意知识。因此

$$x_i = E\omega_i - \frac{\rho_i \lambda_i^2 \sigma_i^2}{2} = g_i + \lambda_i(p_i a_i + \sum_{j=1}^{n} k_{ij}(a_i - a_j) + \sum_{j=1}^{n} u_{ij} q_i a_i) - \frac{b}{2} a_i^2 - \frac{\rho_i \lambda_i^2 \sigma_i^2}{2} \geqslant \varpi_i$$

$$(4-20)$$

由于客户在创意知识贡献过程中的努力水平 a 是研发团队无法观察到的，所

以是一种典型的信息不对称博弈，因此，研发团队的任务是如何选择（g_i，λ_i），研发团队和重要客户之间的委托代理模型可以描述如下：

$$\text{Max}\left[\sum_{i=1}^{n}\left(-g_i+(1-\lambda_i)\left(p_ia_i+\sum_{j=1}^{n}k_{ij}(a_i-a_j)+\sum_{j=1}^{n}u_{ij}q_ia_i\right)\right)\right] \quad (4\text{-}21)$$

$$\text{IR}:g_i+\lambda_i\left(p_ia_i+\sum_{j=1}^{n}k_{ij}(a_i-a_j)+\sum_{j=1}^{n}u_{ij}q_ia_i\right)-\frac{b}{2}a_i^2-\frac{\rho_i\lambda_i^2\sigma_i^2}{2}\geqslant\varpi_i$$

$$(4\text{-}22)$$

$$\text{IC}:\text{Max}\left[g_i+\lambda_i\left(p_ia_i+\sum_{j=1}^{n}k_{ij}(a_i-a_j)+\sum_{j=1}^{n}u_{ij}q_ia_i\right)-\frac{b}{2}a_i^2-\frac{\rho_i\lambda_i^2\sigma_i^2}{2}\right]$$

$$(4\text{-}23)$$

4.3.2.2 确定客户最优合约的努力水平与分享比例

由 IC 条件知，客户激励相容约束为最大化其确定性等价收入 x_i，对 a_i 取一阶偏导，有

$$\frac{\partial x_i}{\partial a_i}=\frac{\partial\left[g_i+\lambda_i\left(p_ia_i+\sum_{j=1}^{n}k_{ij}(a_i-a_j)+\sum_{j=1}^{n}u_{ij}q_ia_i\right)-\frac{b}{2}a_i^2-\frac{\rho_i\lambda_i^2\sigma_i^2}{2}\right]}{\partial a_i}$$

$$=\lambda_i\left(p_i+\sum_{j=1}^{n}k_{ij}+\sum_{j=1}^{n}u_{ij}q_i\right)-b_ia_i=0 \quad (4\text{-}24)$$

则有

$$a_i=\frac{\lambda_i}{b_i}\left(p_i+\sum_{j=1}^{n}k_{ij}+\sum_{j=1}^{n}u_{ij}q_i\right) \quad (4\text{-}25)$$

因此，将参与和激励约束代入目标函数，则最优化问题变为

$$\text{Max}\left[\sum_{i=1}^{n}\left(-g_i+(1-\lambda_i)\left(p_ia_i+\sum_{j=1}^{n}k_{ij}(a_i-a_j)+\sum_{j=1}^{n}u_{ij}q_ia_i\right)\right)\right] \quad (4\text{-}26)$$

$$\text{IR}:g_i+\lambda_i\left(p_ia_i+\sum_{j=1}^{n}k_{ij}(a_i-a_j)+\sum_{j=1}^{n}u_{ij}q_ia_i\right)-\frac{b}{2}a_i^2-\frac{\rho_i\lambda_i^2\sigma_i^2}{2}\geqslant\varpi_i$$

$$(4\text{-}27)$$

$$\text{IC}:a_i=\frac{\lambda_i}{b_i}\left(p_i+\sum_{j=1}^{n}k_{ij}+\sum_{j=1}^{n}u_{ij}q_i\right) \quad (4\text{-}28)$$

由 IR 条件中，有 $g_i\geqslant-\lambda_i\left(p_ia_i+\sum_{j=1}^{n}k_{ij}(a_i-a_j)+\sum_{j=1}^{n}u_{ij}q_ia_i\right)+\frac{b}{2}a_i^2+\frac{\rho_i\lambda_i^2\sigma_i^2}{2}+$

ϖ_i，取 g_i 最小值。将 IR 和 IC 代入目标函数，得到

$$\text{Max} \Big[\sum_{i=1}^{n} \big(-g_i + (1-\lambda_i)(p_i a_i + \sum_{j=1}^{n} k_{ij}(a_i - a_j) + \sum_{j=1}^{n} u_{ij} q_i a_i) \big) \Big]$$

$$= \text{Max} \sum_{i=1}^{n} \Big[\lambda_i (p_i a_i + \sum_{j=1}^{n} k_{ij}(a_i - a_j) + \sum_{j=1}^{n} u_{ij} q_i a_i) \Big] - \frac{b_i}{2} a_i^2$$

$$- \frac{\rho_i \lambda_i^2 \sigma_i^2}{2} - \varpi + (1-\lambda_i)(p_i a_i + \sum_{j=1}^{n} k_{ij}(a_i - a_j) + \sum_{j=1}^{n} u_{ij} q_i a_i)$$

$$= \text{Max} \sum_{i=1}^{n} \Big[-\frac{\lambda_i^2}{2b_i} (p_i + \sum_{j=1}^{n} k_{ij})^2 - \frac{\rho_i \lambda_i^2 \sigma_i^2}{2} - \varpi_i + p_i \frac{\lambda_i}{b_i} (p_i + \sum_{j=1}^{n} k_{ij})$$

$$+ \sum_{j=1}^{n} k_{ij} \big(\frac{\lambda_i}{b_i} (p_i + \sum_{j=1}^{n} k_{ij}) - \frac{\lambda_i}{b_i} (p_i + \sum_{j=1}^{n} k_{ij}) \big) \Big]$$

$$= \text{Max} \sum_{i=1}^{n} \Big[-\frac{b_i}{2} \big(\frac{\lambda_i}{b_i} (p_i + \sum_{j=1}^{n} k_{ij} + \sum_{j=1}^{n} u_{ij} q_i) \big)^2 - \frac{\rho_i \lambda_i^2 \sigma_i^2}{2} - \varpi_i$$

$$+ p_i \frac{\lambda_i}{b_i} (p_i + \sum_{j=1}^{n} k_{ij} + \sum_{j=1}^{n} u_{ij} q_i) + \sum_{j=1}^{n} k_{ij} \big((\frac{\lambda_i}{b_i} (p_i + \sum_{j=1}^{n} k_{ij} + \sum_{j=1}^{n} u_{ij} q_i))$$

$$+ \sum_{j=1}^{n} u_{ij} q_i \big(\frac{\lambda_i}{b_i} (p_i + \sum_{j=1}^{n} k_{ij} + \sum_{j=1}^{n} u_{ij} q_i) \big) \Big] \tag{4-29}$$

对上式 λ_i 取一阶导并令其为零，即客户 i 最优为

$$\frac{\lambda_i}{b_i} (p_i + \sum_{j=1}^{n} k_{ij} + \sum_{j=1}^{n} u_{ij} q_i)^2 + \rho_i \lambda_i \sigma_i^2 = \frac{1}{b_i} (p_i + \sum_{j=1}^{n} k_{ij} + \sum_{j=1}^{n} u_{ij} q_i)^2 \tag{4-30}$$

则有

$$\lambda_i^* = (p_i + \sum_{j=1}^{n} k_{ij} + \sum_{j=1}^{n} u_{ij} q_i)^2 / (p_i + \sum_{j=1}^{n} k_{ij} + \sum_{j=1}^{n} u_{ij} q_i)^2 + b_i \rho_i \sigma_i^2) \tag{4-31}$$

根据激励约束条件，得到

$$a_i^* = (p_i + \sum_{j=1}^{n} k_{ij} + \sum_{j=1}^{n} u_{ij} q_i)^3 / b_i (p_i + \sum_{j=1}^{n} k_{ij} + \sum_{j=1}^{n} u_{ij} q_i)^2 + b_i^2 \rho_i \sigma_i^2 \tag{4-32}$$

最后，将上述结果代入，则客户 i 的固定收入为

$$g_i^* = -\lambda_i (p_i a_i + \sum_{j=1}^{n} k_{ij}(a_i - a_j) + \sum_{j=1}^{n} u_{ij} q_i a_i) + \frac{b}{2} a_i^2 + \frac{\rho_i \lambda_i^2 \sigma_i^2}{2} + \varpi_i \tag{4-33}$$

4.3.3　不同条件下的激励模型分析

如果要制定适当的激励机制，必须与研发团队立场相结合，并对重要客户贡献的各种创意知识的数量和质量加以深入判断。激励措施制定的基本原则是，要充分考虑客户所处的不同背景，不仅要激励单个客户，而且也要考虑以激励措施为杠杆，撬动整个客户社群最大程度地为研发团队获取高质量的客户创意知识，

形成"1+1>2"的知识获取效果。然而，这种措施不应该简单地作用到客户社群上，而应该通过对客户贡献的不同类型知识的评价和判断，对应采用不同的激励措施。

根据研发团队与客户社群中的重要客户之间可能存在的不同关系，委托代理模型可以分为以下三种情况。

4.3.3.1   研发团队仅对应一个重要客户

研发团队与客户的一对一关系，是最直接的客户创意知识获取模式，也是基于委托代理的多重要客户创意知识获取博弈分析的一个特例。若不考虑客户社群内部的影响，本质上所有研发团队与重要客户的关系，都是一对一关系。知识类型，一般认为是客户自身拥有的、或者与研发团队深入交互过程中产生的创意知识。由于不存在与其他重要客户的知识竞争和交流，即 $i = 1$，$j = 1$ 时，该客户产出为研发团队全部收益 $\pi_1(a_1) = a_1 + \theta_1$。则 λ^* 简化结果为

$$\lambda_1^* = \frac{1}{1 + b_1\rho_1\sigma_1^2} \tag{4-34}$$

结论 1：若仅存在一位重要客户，则研发团队从客户身上获取创意知识收益时，其中需要支付给客户的比例为 $1/(1 + b_1\rho_1\sigma_1^2)$，该客户才能以 $a_1^* = 1/b_1(1 + b_1\rho_1\sigma_1^2)$ 的努力水平来提供高质量的客户创意知识。

结论 2：在其他因素都不变的条件下，随着 ρ_1 所代表的风险延误程度的增加，λ_1 将不断降低，客户的努力程度 a_1 也将会降低。同时，重要客户必须承担一定的风险，且 λ_1 是 b_1、σ_1^2 的连续递减函数。即 b_1、σ_1^2 越大，重要客户创意知识贡献成本也就越大，相应的激励系数 λ_1 和客户的努力程度 a_1 也就越小。反过来，为了使 a_1 保持在一个固定的水平，研发团队不得不加大激励系数 λ_1，导致研发团队投入成本过高。因此，对重要客户激励的一个重要任务是如何消除客户对风险 ρ_1 的过度不安，并协助客户降低知识贡献的成本。

另外，根据委托代理理论，在信息对称的条件下，客户的努力水平 a_1 是可以观测的，$a_1^\otimes = 1/b_1$。在信息不对称条件下（客户努力水平无法观测），研发团队诱使客户自动选择的最优努力水平为 a_1^* 为

$$a_1^* = \frac{\lambda_1}{b_1} = \frac{1}{b_1(1 + b_1\rho_1\sigma_1^2)} < \frac{1}{b_1} = a_1^\otimes \tag{4-35}$$

在这种信息不对称条件下，由于 $a_1^* < a_1^\otimes$，则客户试图以其他理由来掩饰由于自身不努力而造成的产出低下，形成了客户的"道德风险"。

结论 3：该客户的期望产出 $a^* - a = \dfrac{1}{1 + b\rho\sigma^2}$，同时考虑到由于产出减少而减

少的成本为 $c^* - c = \dfrac{1}{2b} - \dfrac{1}{2b(1 + b\rho\sigma^2)} = \dfrac{2\rho\sigma^2 + b(\rho\sigma^2)^2}{2(1 + b\rho\sigma^2)^2}$ ，因此，全部激励成本为

$\Delta\pi - \Delta c = \dfrac{b\rho^2\sigma^4}{2(1 + b\rho\sigma^2)^2}$ 。

4.3.3.2 研发团队对应多个相互独立的重要客户

若整个客户社群中仅有若干位重要客户，他们有相似的行业领域背景，但彼此之间没有什么联系，即保持关系独立性。在这些重要客户在创意知识贡献过程中，存在着一定的知识竞争行为。知识类型，既包括客户自身拥有的、或者与研发团队深入交互过程中产生的创意知识，还包括客户通过深度挖掘自身业务而获得的。如果研发团队的知识工程师发现不同重要客户所提供知识中的重叠部分，则这些重叠部分被确定为竞争性知识，且仅对首次提交者进行奖励，以激励所有重要客户努力贡献质量更高、更加独特的知识。此时，假设存在 n 个重要客户，且 $i \neq j$ 时，该客户产出即研发团队的全部收益为

$$\pi_i(a_i) = p_i a_i + \sum_{j=1}^{n} k_{ij}(a_i - a_j) + \theta_i \tag{4-36}$$

$$\lambda_i^* = (p_i + \sum_{j=1}^{n} k_{ij})^2 / (p_i + \sum_{j=1}^{n} k_{ij})^2 + b_i\rho_i\sigma_i^2) = \dfrac{1}{\dfrac{b_i\rho_i\sigma_i^2}{(p_i + \sum_{j=1}^{n} k_{ij})^2} + 1} \tag{4-37}$$

结论 4：当多个重要客户在相互竞争的条件下，为研发团队提供客户创意知识时，研发团队给客户 i 的固定收入和价值分配为 (g_i^*, λ_i^*) ，可以保证客户 i 能付出最佳的努力效果 a_i^* ，使得研发团队和所有重要客户的利益最大化。

结论 5：从公式中可知，随着努力程度的产出系数 p_i 和重要客户创意知识转移系数 $\sum_{j=1}^{n} k_{ij}$ 的增加，激励系数 λ_i^* 和努力程度 a_i^* 也将上升。这说明重要客户之间存在知识竞争，进而引发整个客户社群知识贡献效果的提升。重要客户必须更加努力地工作，通过自身深度地挖掘，或者通过与研发团队深入地交互，才能贡献出更有价值、更独特的创意知识。

4.3.3.3 研发团队对应多个相互关联的重要客户

若整个客户社群中存在若干位重要客户，他们有相似的行业领域背景，并且存在较强的社会关系。这些重要客户之间既存在着知识竞争行为，也存在着知识的交流行为。

假设存在 n 多个重要客户，且 $i \neq j$ 时，该客户产出即为研发团队的全部收益为

$$\pi_i(a_i) = p_i a_i + \sum_{j=1}^{n} k_{ij}(a_i - a_j) + \sum_{j=1}^{n} u_{ij} q_i a_i + \theta_i \tag{4-38}$$

$$\lambda_i^* = \left(p_i + \sum_{j=1}^{n} k_{ij} + \sum_{j=1}^{n} u_{ij} q_i\right)^2 \Big/ \left(\left(p_i + \sum_{j=1}^{n} k_{ij} + \sum_{j=1}^{n} u_{ij} q_i\right)^2 + b_i \rho_i \sigma_i^2\right) \tag{4-39}$$

结论 6：从公式中可知，随着知识共享系数 $\sum_{j=1}^{n} u_{ij} q_i$ 的增加，激励系数 λ_i^* 和努力程度 a_i^* 也将上升。知识共享系数反映了客户社群对于研发团队知识获取的重要性。虽然研发团队不会直接针对客户社群进行激励，但通过提高共享系数，客观上促进了客户的努力程度；同时通过甄别共享性知识，仅提供最低程度的激励措施，也在一定程度上诱使客户提供更独特的竞争性知识。

4.4　本章小结

本章提出了复杂软件系统研发过程中客户创意知识获取的知识情境交互过程，构建了客户创意知识获取模型以及重要客户激励模型。首先，从客户创意知识情境的概念和特征入手，将知识情境划分为三个维度，即文化维度、技术维度、业务维度，并分析了客户创意知识获取的知识情境交互过程，包含知识情境的加载、感知、差异分析、调整、匹配等五个步骤。通过引入知识情境树和相似度概念，建立了知识情境计算模型，为客户创意知识获取提供了理论基础。其次，建立了基于知识情境交互的复杂软件系统客户创意知识获取模型，明确了客户创意知识获取参与主体、操作基础、目标任务，以及获取方式、获取对象等重要问题，并分析了该模型的协同特征。最后，分析了客户创意知识获取过程中，研发团队和客户之间存在的委托-代理的博弈关系，建立了基于委托代理的重要客户激励模型，确定了客户最优合约的努力水平与分享比例，制定了不同委托代理关系下的重要客户激励政策。

5   客户创意知识的获取方法

5.1   信息技术支持下客户创意知识获取方法

5.1.1   信息技术方法应用的前提条件

客户创意知识涉及个性化需求知识、专有领域知识，客户直接创意、行为特征知识、习惯偏好知识、感性知识、设计方案知识、意见反馈知识等，体现出很强的多样性和隐含性；另外，研发团队和客户之间存在频繁的交互作用，同时涉及在大量不同行业类型、地域分布、专业领域和文化背景的客户与研发团队之间跨组织流程，导致客户创意知识获取过程的复杂性。

根据第 3 章的理论分析，充分利用研发团队和客户之间的知识情境交互，能够积极克服客户创意知识获取过程中的多样性、隐含性，成功地利用信息技术能否准确地表达知识情境，特别是研发团队与客户交互过程中不断动态变化的知识情境，进而构建、观察和管理客户创意知识情境，帮助研发团队有效地获取客户创意知识。

利用信息技术表达、建立、观察和管理知识情境，需要信息技术有切实手段支持对知识情境相似度描述，为知识情境调整和匹配奠定基础条件。

其一，从知识情境表达方面，信息技术需要从知识情境的三个维度上，较为准确地反映知识情境特征，这将有助于研发团队构建初始情境，对客户知识情境进行感知。

其二，从知识情境的建立方面，信息技术需要促成双方共同知识情境，即一个有利于发散思维、即兴思维和创新的知识情境场。要想最终产生一个共同知识情境，就必须在客户知识情境与研发团队创意知识情境之间建立一个用于双方频繁交互的"知识情境管道"，将两个没有机会重叠的知识情境连接在一起，形成一定程度的共同知识情境，如图 5-1 所示。

软件研发团队可利用"知识情境管道"，从客户身上获取客户创意知识。最后，"知识情境管道"可以实现对知识情境的观察和管理。"知识情境管道"大多数由研发团队开始搭建，并在双方的交互过程中，"知识情境管道"的状态不断发生变化。其中，管道开口大小反映了共同知识情境对研发团队或者客户在知识情境的文化维度、业务维度、技术维度的相对感知程度，研发团队端管道开头大小与客户端管道开口大小的比例，正好代表了客户创意知识情境对研发团队知识情境的相似度水平。

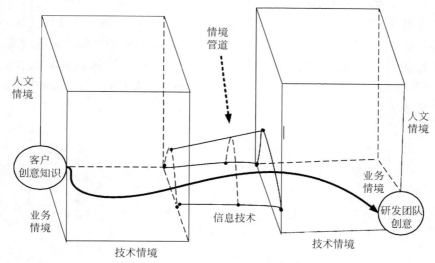

图 5-1   信息技术支持下的"知识情境管道"

随着双方交互的不断深入，研发团队知识情境的不断调整，"知识情境管道"两边开口差异也最终在变动，并保持在一个预先设定的比例内，形成了研发团队与客户之间的知识情境匹配。此过程中，可采用信息技术的各种具体技术方法，建设与维护"知识情境管道"，获取客户创意知识。

5.1.2   基于虚拟体验的客户创意知识获取方法

虚拟体验方法是基于一种集地图导航、影片、文字信息、声音信息、行动规划等为一体的综合化数字信息展示平台，提供给客户在互联网上进行全景虚拟体验，并且与研发团队之间进行互动的客户创意知识获取方法。随着互联网技术的不断进步，基于互联网大规模开展的客户虚拟体验系统能够广泛地收集客户创意知识，已经成为软件研发企业的重要手段。如谷歌公司的创意实验室，就是企业实践的范例之一。

将虚拟体验方法应用在复杂软件系统的客户创意知识获取上，核心问题之一就是针对复杂软件系统创意特征，利用信息技术建立怎样的"知识情境管道"，能使客户知识情境和研发团队知识情境相似度，达到共同知识情境的要求，从而使客户处于一种近似于真实的系统应用环境中。

在虚拟体验方法中通过具有多维特征的交互性操作来实现，交互性可以测量人的生理感受（听觉、视觉、触觉、嗅觉等），同时可以服务于为人的心理感受，体验身临其境的状态。虚拟体验的交互性，按交互对象不同分为设计交互和客户交互。设计交互是研发团队与复杂软件系统中的设计对象之间的交互，客户交互是客户在使用复杂软件系统时，与系统原型的互动。可以看出，设计交互和客户交互都是以复杂系统软件原型为对象，通过信息技术建立的"知识情境管道"。依赖复杂系统软件原型，研发团队表达、建立、观察和管理知识情境，尝试改变"知识情境管道"开口大小，在知识情境的调整和匹配过程中，形成共同知识情境，如图5-2所示。

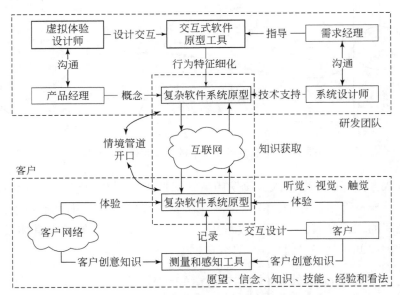

图5-2　基于虚拟体验的客户创意知识获取方法

产品经理提出复杂软件系统的 UI 原型，虚拟现实设计师可使用 Axure RP、UI design 等交互式软件原型工具，模拟出 UI 细节，展示复杂软件系统的可能的行为特征，使复杂软件系统创意直观地展现在客户面前。随着在线虚拟现实技术的成熟，客户通过互联网直接体验交互式软件原型系统并提出修改意见。需求经理收集虚拟现实由系统自动记录的，或是由客户主动反馈的客户创意知识，指导虚拟现实设计师进一步修改 UI 细节。这种原型是一种具体操作层面上，对客户知识情境理解的实时反馈，并自动记录客户行为特征和习惯偏好的交互式原型。客户在系统创意原型系统中完成一系列有关联的活动之后，理解了系统创意中不同要素之间的关系，并将客户愿望、信念、知识、技能、经验和看法等通过虚拟现实技术，转变、归纳到充分变化的原型系统中。在经过多次反复交互后，复杂软件系统研发团队与客户达成最终对创意的一致性理解，与此同时完成了客户创意知识获取任务。

基于虚拟体验技术的客户创意知识获取方法，有以下三大优势。

（1）大规模且低成本的获取客户创意知识。通过充分利用互联网降低成本，虚拟体验技术不仅能够用于获取重要客户的创意知识，而且可以大规模地获取普通客户，甚至是潜在客户的创意知识，扩大了客户创意知识来源，为复杂软件系统创意从产生到完善的过程提供了更广泛的支持。正如 Dahan 研究表明，基于互联网技术的虚拟现实原型系统体验可以达到与真实系统测试相同的效果，并且速度更快，成本更低。

（2）支持复杂软件系统的客户交互设计。将复杂软件系统原型作为"情境管道"，不仅促进了研发团队的设计交互质量，也促成了客户的直接设计交互行为。在这种模式下，客户从幕后走向前台，对所需产品的样式、外观、功能有了更多话语权。结合互联网、移动、社交、微博等的兴起，客户可以自由表达自己的建议，发出自己的声音，研发团队也可以准确感知和捕捉来自于用户的声音和建议，批量化地满足不同消费倾向的客户。如 TCL 公司的海豚手机推出的"深度定制"，就是虚拟体验技术应用的典范。

（3）根据具体应用环境赋予不同表现力。虚拟体验技术具有多种表现力，很容易应用在不同具体工具环境下，形成一些特殊的、有一定差异的虚拟体验技术，如视频方法、多媒体方法等。然而，无论哪种虚拟体验技术，都存在研发团队与客户之间的"情境管道"。

如在视频体验方法中，复杂软件系统原型体现为一段情节虚构的视频，目的是向客户展示出该系统的各种结构、功能、行为、外观等特征。在提出复杂软件系统创意后，视频制作者按照设计视频场景，并围绕故事主线索，丰富视频脚本的每个细节，逐个镜头的拍摄。当客户观看时，视频向他们展示复杂软件系统可能出现的各种场景，极大地降低原型系统使用难度和部署成本，但保证客户能够得到等价的系统使用体验。并且，随着基于在线视频技术的完善，客户在观看创意视频后，可以迅速反馈评价和意见，提供协助创意完善或新创意产生的客户创意知识。但视频技术的缺点是不能自动感知部分客户创意知识，并且其修改和调整需要研发团队专业人员的支持，更新周期长，不适用于与客户频繁交互的环境。

又如，复杂软件系统研发团队可以通过多媒体技术，利用隐喻的相似性或类似性，在客户和研发团队两种不同的经验世界或观念世界之间建立对照关系或对应关系，形成"知识情境管道"。与视频技术中展现原型使用具体场景不同，它基于使用客户目前所熟悉的、能够接收的知识表达方法为切入点，逐步表达他们不熟悉的、难易理解的新概念，特别适合于复杂软件系统中复杂创意的产生和完善。随着多媒体在线编辑技术的成熟，客户可以在互联网上直接获取创意演示内容，并使用在线编辑功能，对隐喻特征和行为进行调整，甚至创建新的多媒体符号和元素，大大增强了研发团队与客户之间的交互效果。

5.1.3　基于创意工具箱的客户创意知识获取方法

创意工具箱是在 TRIZ 原理的约束下，客户自主通过试错法以组合方式设计一种新颖的软件功能，并立刻得到可行性的反馈。将过去复杂软件系统研发过程中支持内部专家的专用创意工具提供给了客户，鼓励客户积极思考问题，使客户更有效、更快捷地提供他们各种各样的新想法和创意，形成"知识情境管道"。

在信息技术支持下，创意工具箱技术实际上是一种开放的知识组合工具，非常适合研发团队与客户在互联网环境下深度交互。利用像诸多信息技术，特别是在线多媒体技术的表达优势，提供各种类型的创意元素和符号，允许客户基于TRIZ 原理自由发挥创造力，形成包含客户领域知识的创意，支持研发团队需求经理和技术人员灵活快捷的获取。

在信息技术支持下，创意工具箱有两个突出特点。其一原型双向性。既可以是研发团队提供的包含了预设解决方案的系统创意原型，也可以是客户使用创意工具箱生成系统创意原型。如果原型由客户给出，"知识情境管道"的方向就由客户直接发出，这与前面三种方式有很大不同。其二是竞争性。所有客户必须在给定的时间期限内，针对软件研发团队所给出的任务进行竞争性提交。软件研发团队将根据复杂软件系统研发模糊前端创意情况，选取最适当的方案或创意，并对提供者以相应的奖励或者报酬。这种竞争鼓励了更多更好的客户参与，激发创意并提升了提交质量。

5.2　智能计算支持下的客户创意知识获取方法

5.2.1　智能计算方法应用的前提条件

智能计算是人工智能的分支之一，通过经验化的计算机智能程序，帮助人类处理各种复杂决策问题，包括遗传算法、神经网络、机器学习、生物计算、DNA

计算、模式识别、知识发现、数据挖掘、知识本体等，通过人们对自然界独特规律的认知，提取出适合获取知识的一套计算工具。智能计算在具有自学习、自组织、自适应的特征和简单、通用、鲁棒性强、适于并行处理的优点，在知识自动获取方面有广泛应用。

智能计算方法的第一个前提条件是需要海量数据支持。在研发团队与客户的知识情境交互过程中所产生的海量历史数据，将作为智能计算的分析对象。这些海量数据可以分为两种类型：一种是过程数据，来自于双方的交互过程，反映了知识情境的动态变化过程，记录了从初始知识情境到共同知识情境过程中的所有系统环境数据、每个步骤的知识情境特征数据、知识情境差异数据、知识情境相似度数据、知识情境调整的过程迭代数据；另一种是结果数据，来自于共同知识情境，反映的是最终情境匹配阶段保留的特征参数、各种文档、构思草图、设计方案等。从运动形态上看，过程数据是一种动态数据，不断地迁移和变换，反映的是一种知识情境的行为特征；结果数据则是一种静态数据，关注最终阶段的状态，反映知识情境的状态特征。两种数据中都蕴涵了大量的模式、趋势、事实、关系，通过智能计算方法可以揭示出大量客户创意知识，支持复杂软件系统创意从产生到完善的全过程。

智能计算方法的第二个前提条件是数据需要有清晰的结构特征。智能计算是一种知识自动获取方法，或者对海量数据在特定挖掘方法下，以计划步骤进行模式探索，或者将海量数据代入本体对象，按特定公式进行差异分析，对数据质量要求较高。然而，研发团队与客户的知识情境交互过程更加复杂错综，产生的多种多样的数据格式与类型，同时在存储上具有分布式特征，因此智能计算方法应用之前必须统一数据结构特征。在数据挖掘获取客户创意知识过程中，对数据进行深度清理、整理、合并，按照不同的挖掘方法准备不同结构的数据，保证挖掘过程可靠性；在本体技术获取客户创意知识过程中，需要事先严格定义各种本体结构特征，并以此作为数据标准化依据，保证在本体之间知识的可转移性。

5.2.2 基于数据挖掘的客户创意知识获取方法

5.2.2.1 客户创意知识获取的数据挖掘步骤

数据挖掘是从大量的随机、不完全、模糊的数据中提取出隐含在其中的、事先不为人知，但是具有潜在价值知识的过程。从客户创意知识获取角度看，数据挖掘本质上提供了一种探索性知识获取方法，帮助研发团队在大量未经筛选的过程数据和结果数据中提取出可供学习的、有价值的模式、趋势、事实、关系等知识。经过数据挖掘，可将原来隐藏在数据中难以分辨的知识，转变为可以理解和系统化描述的知识。

面向复杂软件系统研发中客户创意知识获取的数据挖掘过程，建立在工业标准 CRISP-DM1.0 模型之上，共有 5 个标准步骤。

第一步：定义问题。复杂软件系统创意的不同粒度，不同空间层次，决定了其创意知识的需求各不相同。研发团队首先根据知识情境差异计算的历史过程数据，清晰地定义数据挖掘的知识需求，明确知识的种类和性质，才能转化为实质性的数据挖掘问题。对数据挖掘范围的有效控制，可以帮助挖掘者减少行动的盲目性，提升客户创意知识获取质量和效果。

第二步：对知识情境交互过程的数据收集和预处理。在知识需求参数确定的基础上，从知识情境交互过程和结果中，深入进行数据的清理、整理、合并，为建立模型做准备。

第三步：模型加载和分析。建立基于各种数据挖掘算法的分析模型，代入预处理后的数据进行知识发现。同一个情境交互数据集合或文档，在不同数据预处理条件下，可以适应不同数据挖掘分析技术，获得结果相近的客户创意知识结果。因此，可以通过模型分析，尝试联合使用多种数据挖掘方法，发现并以可理解方式将知识表示出来。

第四步：模型评价。在使用某种特定模型成功获取了特定的客户创意知识之后，需要对该模型进行验证，以保证知识的准确性。这就需要对挖掘结果，即客户创意知识的质量进行评价。研发团队可以选择重要客户阅读这些结果，根据他们的理解核对通过数据挖掘获取的创意知识是否符合或基本符合他们的想法。对于严重失真的挖掘结果，需要认真分析模型选择是否合适，数据收集和预处理是否彻底，甚至重新定义问题的边界。

第五步：实施。当复杂软件创意的粒度与层次不同时，客户创意知识需求就不同，其双方知识情境交互的重点亦不同，导致匹配的数据挖掘模型也有较大的差异。因此，一个高质量的客户创意知识获取模型，随着创意任务和知识情境交互环境的变化，模型的精确度将发生变化。研发团队需要将成功的挖掘模型应用到不同的数据集上，并且不断地监控它的效果。

5.2.2.2　基于数据挖掘的客户创意知识具体方法

基于数据挖掘的客户创意知识获取，是以研发团队与客户交互知识情境产生的过程数据，以共同知识情境产生的结果数据为基础，通过各种不同数据挖掘方法，系统性获取复杂软件系统目标创意支持下的客户创意知识，重点是行为偏好知识、感性知识、业务流程与控制知识。在经过客户确认和验证后，这些知识进入客户创意知识库，帮助改进和完善创意。其中，采用最多的是关联规则、时序聚类、神经网络等方法。

1）基于关联规则的客户创意知识获取方法

基于关联规则的客户创意知识获取方法，能帮助研发团队重点获取客户行为偏好知识。借助客户行为偏好知识，研发团队可以及时调整研发策略，推出适合客户需要的系统新功能，不断提升客户满意度，具有很强应用价值。

客户创意知识的关联规则分析，需要借助复杂软件系统的用户痕迹自动记录功能。当客户进行软件操作试验时，系统将自动记录其所有操作顺序，并存储在系统日志数据库中。经过比较相似任务的多次操作序列，根据序列间相同事件发生的频度，系统将相似度极高的行为定义为明确模式。即通过对客户使用系统的事件序列集提取出最大频繁事件序列，挖掘出可信的关联序列规则，形成该客户的特定行为模式。

对客户行为偏好知识进行关联规则挖掘，包括数据清理、客户识别、会话识别、路径补充、事务识别等过程。首先，要从复杂软件系统原型的日志数据库中，剔除冗余信息、错误信息以及与分析不相关的客户行为数据，同时对记录的属性进行删减，仅保留反映客户应用功能和驻留时间的字段；其次，搜索出操作复杂软件系统原型的所有客户，使用 IP 地址、CookID、客户注册 ID 等进行综合识别，将客户身份与该客户操作关联起来；再次，按一个固定的先验时间阈值，将客户操作记录分为多个会话，一旦操作时间超出阈值，则开始一个新的客户会话，构建不同的客户行为片段；最后，补充本地服务器或缓存中的部分数据后，利用分割算法将客户会话划分为更小的事物，以挖掘出更细粒度的客户行为偏好知识。

基于关联规则的客户创意知识获取过程，如图 5-3 所示。

2）基于神经网络的客户创意知识获取方法

基于神经网络的客户创意知识获取方法，能帮助研发团队重点获取客户感性知识。借助客户感性知识，研发团队可以了解客户对复杂软件系统创意的直观感受，如软件界面的美观性和艺术性、软件操作的舒适性和易用性，以及使用软件所带来的愉悦感，帮助研发团队推出符合客户预想的产品，不断提升客户的价值认同。

客户创意知识的神经网络挖掘，需要借助客户情感体验评价实验，在系统原型特征与感性词汇间建立非线性关联。通过对复杂软件系统市场的调查与分析，以及对描述系统原型特征的感性词汇筛选，利用人工神经网络（如 BP 网）方法，将复杂软件系统原型特征作为输入参数，将感性词汇所反映的情感程度作为输出

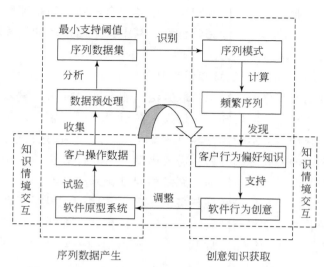

图 5-3　基于关联规则挖掘的客户创意知识获取过程

参数，求出复杂软件系统原型与感性词汇之间的非线性关系模型，指导系统创意过程。

对客户感性知识进行神经网络挖掘，包括系统原型特征分析、建立感性词汇集合、客户情感体验评价、神经网络模型构建与训练、系统原型特征调整等 5 个过程。首先，知识工程师分析现有系统原型的特征，同时向产品经理、需求经理、程序设计师及客户发放调查问卷，归纳出系统原型的重要特征要素；其次，邀请客户对重要特征要素进行感性词汇描述，并建立感性词汇表，考虑所有情感出现的可能；再次，邀请客户进行情感体验，针对系统原型的重要特征要素，测量客户对每种特征的情感程度，记录在感性词汇调查表中；然后，基于"系统特征–情感测量"数据集合，建立三层 BP 神经网络结构，将数据集合的一部分用于拟合数据的非线性关系，另一部分验证网络结构的可靠性；最后，通过调整系统原型重要特征参数，预测客户对新原型的情感评价程度。因此，神经网络以建立内隐函数的方式获取了客户感性知识。如图 5-4 所示。

3）基于时序聚类的客户创意知识获取方法

基于时序聚类的客户创意知识获取方法，能帮助研发团队重点获取客户业务流程与控制知识。与关联规则相似，该方法也是针对操作序列分析发现隐含的知识，所不同的是，要对类似序列进行聚类运算，实现相似业务流程与控制过程的有效合并。

对于不同序列差异问题，王炳飞等（2011）给出了序列相异度计算方法。利

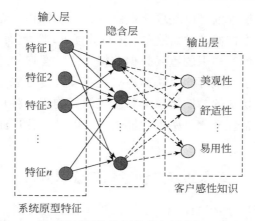

图 5-4 基于神经网络挖掘的客户创意知识获取过程

用持续性行为相异度概念，在 K-mean 为代表的传统划分方法、层次方法、基于密度的方法、基于网络的方法，以及基于模型的方法中进行适当选择，对客户操作序列数据进行聚类，所得结果反映了不同客户对业务流程与控制过程的共同理解，对复杂软件系统业务过程优化意义重大。

5.2.2.3 基于数据挖掘综合技术的客户创意知识获取方法

在复杂软件系统原型中嵌入了多种数据挖掘技术后，可利用多种方法、综合交叉地获取客户创意知识。如图 5-5 所示。

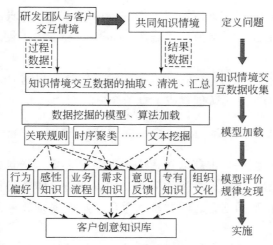

图 5-5 基于数据挖掘的客户创意知识获取综合方法

在图中，如文本挖掘也可以获取反馈意见、需求知识、专有知识、组织文化等客户创意知识。文本挖掘是对大量文档进行分词处理、特征匹配、语义分析后，从中获取隐藏的客户创意知识的重要数据挖掘方法。客户的非结构化文档，如客户反馈意见单，包含了大量可能反映客户对现有设计的抱怨、批评、建议或者赞赏的意见，以及很多切实的功能需求，对系统的新构想。客户的文字材料，包含现有组织规章制度和企业文化、愿景的描述，可以描述客户业务管理流程和控制过程。

5.2.3 基于知识本体的客户创意知识获取方法

在研发团队与客户交互过程中，涉及两种不同类型本体：创意知识本体、知识情境本体两大类。其中，知识本体可细化为研发团队创意知识本体、客户创意知识本体、创意本体；知识情境本体可以细化为研发团队知识情境本体、客户知识情境本体、共同知识情境本体。我们认为，可以通过计算机智能本体建模的方法，系统性地获取客户创意知识。

5.2.3.1 知识本体的统一定义和描述

定义 1：创意知识本体可以表示为一个五元组 CK =（Ctype，Ccontext，Cknowledge，Cdescription，Crelationship）。其中 Ctype 表示知识本体类型，如研发团队创意知识本体、客户创意知识本体，或创意本体；Ccontext 表示知识所对应的知识情境；Cknowledge 表示知识类型，包括需求知识、专有知识、管理流程与控制知识、行为与偏好知识、感性知识、创意等；Cdescription 表示该知识类型下一组属性的非形式化描述，通常为自然语言；Crelationship 为该创意知识隶属于研发团队或客户。

特别地，当 Ctype = 创意本体，Cknowledge = 创意，根据 Crelationship 的不同，创意知识本体分别为研发团队创意或来自于客户的创意。

5.2.3.2 知识情境本体的统一定义和描述

知识情境对客户创意知识获取过程中的背景、环境、场景进行刻画，将研发团队创意和客户应用方案进行必要的关联。知识情境本体就是描述这个过程的手段，使得知识得以在不同创意之间共享和重用，降低复杂软件系统研发团队创意的成本和风险。

由于知识情境本身的复杂性，对知识情境进行建模有较大的难度。从客户创意知识获取的交互特征上看，知识情境建模需要满足以下要求：

（1）知识情境模型应该能够描述研发团队和客户的不同立场，并可以统一在一个整合知识情境框架下，以方便两者之间的交互、继承。

（2）知识情境本体与知识本体之间、知识情境本体与创意之间均应建立内在关系，保证在其中一方发生变化时，另一方能够快速地做出反映并进行修正。

（3）系统能够对知识情境进行自动识别，同时支持客户能够方便和简单地对知识情境进行修正和反馈。

（4）知识情境模型不能影响其他知识获取的方法或模式的作用效果，即知识情境模型独立于具体的知识获取方法，如数据挖掘等。

（5）知识情境模型可以进行模糊查询、匹配检索，具有一定动态的自我进化能力。

定义 2：根据知识情境的以上特点，以及其他学者的相关研究成果，把知识情境本体（研发团队和客户）定义为一个六元组 UC =（UCa，UCstage，UCtar，UCres，UCrela，UCd，UCpro），其表示要素的含义如表 5-1 所示。

表 5-1　知识情境本体要素的内涵

要素	含义	说明
UCa	主体	知识情境主体类型，如客户、研发团队
UCstage	阶段	客户创意知识获取对应的创意过程阶段
Uctar	目标	知识情境设计的目标和等待完成的任务
UCres	资源	知识情境设计所需要的各种资源
UCrela	关系	知识情境本体与其他本体之间的关系
UCd	领域	知识情境设计所在的知识领域
UCpro	产品	知识情境设计所提供的验证性产品

5.2.3.3　本体之间关系的统一定义和描述

定义 3：创意知识本体与其他本体之间的关系为一个三元组 CE =（CEtype，CEobject，Cdescription，CEweight）。其中 CEtype 为关系类型，包括依赖关系 Dep、参考关系 Ref、协同关系 Cor；CEobject 为其他相关本体对象；Cdescription 为该知识类型下一组属性的非形式化描述，通常为自然语言；CEweight 表示关系的强度，其取值在 0 至 1 之间，越接近 1 表示关系越强，数值 1 表示两者完全等同。

特别地，当 CEtype = Dep，CEobject = 研发团队创意知识本体，CEweight 在 0 到 1 区间时，研发团队创意知识本体将从客户创意知识本体中获取知识，进而支持企业内部创意过程。当 CEtype = Cor，CEobject = 研发团队知识情境本体，双方开展知识情境交互，以促进共同知识情境的生成。

5.2.3.4　客户创意知识的本体模糊扩展

创意知识本体和知识情境本体，都属于模糊本体。这是由于客户创意知识本身具有模糊性和不确定性，很多时候难以清楚地描述和表达。因此，使用基于严密描述逻辑的传统知识本体、知识情境本体，不能完整刻画具有模糊语义的创意知识。为了有效获取复杂软件系统研发中的客户创意知识，在传统本体基础上引入模糊理论，对创意知识本体、知识情境本体等进行扩展，通过建立模糊变量描述模糊概念，构建模糊属性集，将普通概念关系扩展为模糊关系，达到更切实地刻画客户创意知识、知识情境的目标，深化本体描述的内涵。

为了简便起见，这里使用一个四元组 $F = (A_F, B_F, U, F)$ 来描述模糊变量，其中 A_F 表示模糊概念；B_F 为反映 A_F 特征的模糊属性集合；U 表示模糊变量的取值区间；F 为以实数集 R 为论域的隶属函数，将实例数值映射到 B_F 的属性值上。

当论域 U 为语言值且对应的模糊子集互不相交时，模糊子集为精确符号型。如在定义 1 中，知识本体类型有三种，即知识本体类型 = {研发团队创意知识本体、客户创意知识本体、创意本体}。当选择创意本体，其隶属度为 1，其余都为 0。

当论域 U 为语言值且对应的模糊子集相互交叉时，模糊子集为模糊符号型。在定义 1 中，Cknowledge、Cdescription 为模糊型变量，需要进一步确定其隶属程度。其中 Cknowledge 代表客户创意知识类型，存在相当大的模糊性。研发团队很难明确某种客户创意知识是专有知识、管理流程与控制知识，或是其他知识，很多情况下客户创意知识类型是模糊的。这需要研发团队根据研发团队中知识工程师的实际经验，不断检验进而加以明确。对在论域 U 上定义为：客户创意知识的类型隶属程度 = {很高，高，中等，低，很低}。

在定义 2 中，UCstage、UCrela，UCd 为模糊型变量，需要进一步确定其隶属程度。如复杂软件系统研发创意过程（UCstage），虽然可以划分为产生、形成、筛选、修正四个阶段，然而不同阶段过渡很模糊，知识情境本体可以处于两个特定创意阶段之间。按照论域 U 为语言值，且 U 上语言值对应的模糊子集相互交叉时，可以在论域上定义为：创意阶段隶属程度 = {属于，多数属于，半数属于，少数属于，不属于}。又如，知识情境本体与其他本体之间的关系（UCrela），由于知识情境本体与其他本体之间的关系也不断发生变化，无法具体确定。因此，只能通过研发团队与客户的知识情境交互过程深入程度判断，可以在论域上定义为：知识情境本体关联程度 = {很高，高，中等，低，很低}。

在定义 3 中，Cdescription、CEweight 为模糊型变量，需要进一步确定其隶属程度。如关系强度（CEweight）是一个连续变化的数值，可以在论域上定义为：关系强度 = {很强，强，中等，弱，很弱}。

上述模糊属性均为定性指标，因此隶属函数的确定具有较强主观性，需要根据经验和统计进行决定。此处采用 Zadeh 在 1972 年提出的例证法来确定具体隶属函数，即从已知有限个 F 的值，来估计论域 U 上的某个模糊子集的隶属函数。以客户创意知识类型为例，整个论域 U 为全体客户创意知识类型，X 为需求知识，具有明显的模糊性。为了确定 F，由专家给出一个标准的需求知识实例，然后选定几个语言真值中的一个，来回答该需求知识的匹配程度。将语言真值集合记为 S = {S1 = VL（不匹配），S2 = L（较不匹配），S3 = M（较匹配），S4 = H（匹配），S5 = VH（很匹配）}。如果将这些语言真值用数字表述，即为（0，0.25，0.5，0.75，1）。通过对不同客户创意知识类型的样例进行逐个判定，得到需求知识 X 的隶属函数 F 的离散表示法。以此为原则，得到模糊型变量的完整离散化隶属函数。基于隶属函数，计算所获取新的客户创意知识针对现有样本的模糊隶属度，按最大隶属原则进行模式判断，最后识别客户创意知识类型。

5.2.3.5　客户创意知识的本体建模

基于知识情境交互的客户创意知识获取，就是研发团队从内部创意知识库激发初始创意入手，构建可会意的研发团队知识情境并将其转换为客户知识情境，在客户充分沉浸和体验后，一步一步地诱导出双方的共同知识情境和客户创意知识，进而不断累积企业内部创意知识库的过程。该过程涉及知识获取的不同主体，不同层次，以及不同创意阶段，构成客户创意知识获取过程的本体集。在相互连接构成整体的本体集上，经过系统预定义后，按照自身目标和任务，通过知识情境交互可以不断地获取客户创意知识。基于知识情境交互的客户创意知识本体集（张庆华，2012），如图 5-6 所示。

（1）知识本体与创意本体的交互。创意本体是创意的形式化描述，其要素包括外观、功能、人机、结构、技术等。创意既可来源于研发团队内部，也可来源于外部客户。从研发团队内部看，创意本体可以参考研发团队创意知识本体框架，同时参考企业知识库中的战略知识、组织文化知识、市场知识、工程知识、设计知识、环境知识、运营知识等，综合形成创意；从外部客户看，创意本体可以引用来自于客户的原始创意，也可以根据双方交互形成的共同知识情境激发创意。

（2）创意本体和知识情境本体的交互。创意本体与知识情境本体的交互过程有两种。第一种是由基于创意本体形成研发团队的知识情境本体。研发团队参考初始创意，构造出初始知识情境，并将知识情境本体实例化，成为可操作的原型产品和服务，生成知识情境所必需的外部资源。第二种是基于共同知识情境本体修改研发团队的创意本体。在经过客户充分验证后形成的共同知识情境本体，能够较为准确地反映研发团队对于复杂软件系统创意的初衷，并在客户网络验证条件下，确立共同知识情境所需要的资源和关系，反映客户创意知识的类型和内容。同时，作为双方充分沟通的结果，共同知识情境也反映出客户在使用复杂软件系统过程中感性知识、行为偏好等客户创意知识。

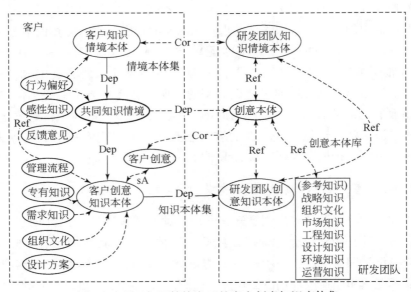

图 5-6　基于知识情境交互的客户创意知识本体集

（3）知识情境本体之间的交互。研发团队知识情境本体和客户知识情境本体的交互目的，是促进前者向后者的有效转移，最后达到双方的平衡。由于两类知识情境本体具有表达上的统一性，其转移重点是要素内涵差异，如目标差异、资源差异、关系差异等。对于重要性程度高的若干知识情境差异，调整研发团队知识情境本体参数，重新转移到客户知识情境，多次交互后保证差异无法消除。知识情境本体交互的最终目标是形成共同知识情境，进而修改创意本体，并向客户创意知识本体传递信息。

（4）知识本体之间的交互。客户创意知识本体使用自动抽取模式，从共同知识情境本体中抽取三种知识。研发团队创意知识本体从客户创意知识本体中，利用规范的本体知识交换技术，自动获取所有的客户创意知识，汇集进行研发团队创意知识库。

5.2.3.6 基于本体的客户创意知识获取系统

首先，基于本体的客户创意知识获取系统是基于 Windows Server 2003 操作平台，利用 Protégé4.2 本体编辑工具，对企业现有知识库和知识情境库建立描述，对本体进行标注、分类等处理，形成原子本体集合；其次，利用 XML 的简单对象访问协议 SOAP，建立基于 Web Services 的本体服务层；本体服务器负责对接收的知识获取命令解释，调用原子本体组合成为创意本体、知识本体和知识情境本体服务。另外，采用了 B/S 构架模式的知识情境交互编辑器对知识情境本体进行可视化的浏览，用户可以根据知识情境的展示更改本体参数，方便本体扩展和修改，满足了客户知识情境和企业知识情境之间交互要求。该系统如图 5-7 所示。

（1）工具编辑层。该层不仅提供了知识工程师和创意工程师使用的本体编辑平台，而且为用户提供了完全可视化操作的知识情境交互设计平台，以用户体验为导向，为创建本体提供标准的表达工具。

（2）知识获取层。知识获取层构建在 SOA 服务架构上，应用基于 Web 2.0 的知识门户技术，支持研发团队的知识工程师进行知识获取，包括知识识别、知识检索、知识获取、所获取知识的效果评价。知识工程师可以在动态知识地图的协助下，透明地获取来自于客户的创意知识，并自动完成客户创意知识向企业内部知识库的迁移。

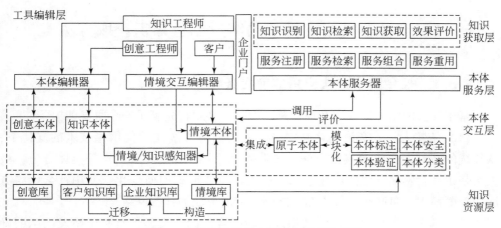

图 5-7　基于本体的客户创意知识获取系统

（3）本体服务层。一方面，本体服务层要对知识服务进行分解、重组。当知识情境本体发生变化时，系统按照知识情境本体匹配算法，对原有本体服务重新组合，或者形成新的本体服务，完成知识重用。另一方面，该层要负责本体服务的注册、检索、封装和评价，使被封装为不同形式的本体能为系统所调用，快速响应知识获取层的命令操作。系统根据本体服务的调用频率来评价不同本体质量和应用效果。频率过低的领域本体将被要求销毁、弃用或重新设计。

（4）本体交互层。知识工程师和创意工程师利用知识情境交互编辑器设计了初始知识情境后，转移给客户验证。客户在体验初始知识情境的过程中，会发现在产品创意中，存在诸多与客户实际感受或者需求不相符合的创意特征。用户也使用知识情境交互编辑器，对初始知识情境直接进行修正。修正结果通过企业工程师审核后，将再次发布为新的用户知识情境本体。在多次知识情境本体的交互修订过程中，知识情境本体所包含的创意概念趋于一致，则开始使用知识情境/知识感知，抽取知识情境本体中的客户成果知识和客户基础知识，转移隐含知识进入客户知识本体中。

需要提及的是，不论知识本体、创意本体还是知识情境本体，虽然在领域知识的表达上有差异，但均可以最终表达为原子本体。原子本体范围进行查找，并根据推理机制，获得满足领域知识的原子本体集合，按照一定的语法规则、方法，自动实现原子本体之间的语义链接，实现原子本体间的知识集成。

（5）知识资源层。知识资源层的主要任务，是对知识本体、创意本体、知识情境本体所产生的知识库进行存储和维护。在评价客户创意知识获取的最终效果时，最直接有效的办法就是衡量外部客户知识对企业内部知识库的增量累积效应。

5.3　社会网络支持下的客户创意知识获取方法

5.3.1　社会网络方法应用的前提条件

基于社会网络方法获取客户创意知识时，必须首先满足三个重要前提条件：

（1）依赖人与人交流的社会网络。社会网络方法在现代信息技术的支持下，从传统的面对面交流等具体方法，过渡到社会网络服务（SNS）等具体方法，极大增强了社会网络方法的应用效果。但无论具体形式如何变化，使用社会网络方法的首要前提，是必须依赖人与人之间交流所形成的社会网络。

（2）清楚定义的客户网络类型。清晰的客户网络类型，有利于研发团队明确客户来源和成分构成，根据不同客户的具体特点采用不同的客户创意知识获取方法。在传统人际交流环境下，客户之间交互频率较低，较多体现为业务往来或者私人感情，受到地域和时间的限制，交流创意知识的机会并不多。因此，以传统人际关系为基础的客户网络，使用的是传统获取方法。由于成本高、时间长的特点，不可能全面铺开。通过对重要客户的识别，研发团队相对充分地获取客户创意知识。在信息技术支持环境下，消除了管理层级的障碍，客户相互之间以共同的话题和兴趣点为连接，采用多种技术手段，不仅增强了客户交互性，创造出更多新的创意知识，而且获取规模和效率得到巨大的提升。

（3）明确陈述复杂系统创意主题。客户创意知识与使用者体验高度关联的知识，只有在特定知识情境下才能有效地从客户向研发团队转移。使用社会网络方法，必须有一个特定的知识情境，才能沟通研发团队和客户双方对复杂软件系统创意的理解，其实质上是通过建立一个从知识情境的人文、业务、技术三个维度进行描述的主题，允许研发团队将系统创意的焦点问题传递给客户网络。在传统面对面的社会网络方法下，主题是面对面访谈中研发团队提及的隐喻、案例、故事等，也可以是调查问卷中的题项，或者在客户工作现场实际体验过程中遇到的复杂软件系统输入/输出控制界面、功能模块、参数文件。在现代社会网络服务方法下，主题可以是研发团队给出的与系统创意相关的关键词汇，这些词汇传递给在线客户后，客户根据自身兴趣和专业背景，从不同角度解释和发展这些词汇，并形成系统性归纳，为研发团队所获取。明确陈述的复杂系统创意主题，本质上是知识情境的一种具体体现。

5.3.2　基于社会网络的客户创意知识获取方法

社会网络是研发团队与客户之间、客户与客户之间在沟通和交流过程中，形成错综复杂的人与人之间关系，是客户创意知识的主要获取渠道。研发团队和客户在特定知识情境下深度交互过程中，形成大量的产品需求、业务匹配度、操作行为特征、精神愉悦程度、体验反思和意见等客户创意知识，存在大量隐性知识，非常适用于基于社会网络的客户创意知识获取方法。

随着互联网技术的不断进步，特别是如博客、播客、Wiki、SNS、对等互联网P2P、内容聚合RSS等技术的出现，基于社会网络的客户创意知识获取方法也得到了加强，更好地满足了人们对个性化知识随时访问与获取的需要，如长尾、根本信任、用户参与评价、六度分隔等重要思想也日渐渗入组织的文化中，为组织进行自下而上的变革提供了机遇。在互联网环境下，客户被赋予知识生产主导权，代替了原来少数人控制知识发布的集中模式。另外，互联网络与社会网络复合成了超网络结构，产生了新的网络特征，需要研发团队深入探索，找到适应超网络特征的社会网络整合方法。

我们认为，基于社会网络的客户创意知识获取方法的提出，是充分利用了互联网络与社会网络复合的优势，通过在社会网络环境下建立研讨主题，产生初始知识情境，将互联网上和网下的客户联合起来进行内部观点碰撞、分享和交流，进而提炼出若干重要结论作为客户创意知识提供给研发团队（张庆华，2012），是一种重要而有效的知识获取方法。在研发团队与客户交互过程中，研讨主题不仅反映了复杂软件系统创意和研发团队知识需求，其变化过程也体现了客户创意知识获取过程，其知识情境状态从初始知识情境、调整知识情境到共同知识情境。

　　首先，利用传统面对面的社会网络，根据知识情境交互的基本原理，研发团队对现有客户进行初步访谈，同时了解客户之间的关系，建立客户网络关系图。通过持续调研，记录所有客户创意知识贡献情况，分析并识别出重要客户，确定为传统人际关系客户网络的创意知识获取源。这些重要客户不仅是客户网络上重要知识流通节点，汇集大量来自其他关系客户的创意知识，而且本身也有足够的知识贡献能力，客户清晰地表达创意知识的内涵。研发团队需要定期地、反复地拜访重要客户，深入这些客户单位亲自参与业务实践活动，通过"干中学"潜移默化地吸收客户艰深的专业领域知识，同时通过面对面交流、组织客户对复杂软件系统创意的现场团队讨论综合地收集这些客户对复杂软件系统创意原型的体验反馈和建议，快速完善现有创意。研发团队通过发放分类调查表，了解客户在使用复杂软件系统时的各种行为特征、习惯偏好、美学等感性知识，通过建立数据集市进行数据挖掘，发现客户特定行为的行为模式特征。把这些客户创意知识应用到现有复杂软件系统创意中，反复通过重要客户行为表现，验证这些知识的作用。通过多轮反复的交互，基于传统面对面的社会网络充分获取了客户创意知识。基于社会网络的客户创意知识获取方法框架，如图 5-8 所示。

　　其次，利用社会网络服务方法，形成更大规模网络连接。如在奥迪汽车 Infotainment 项目中，使用奥迪公司主页、电子邮件、弹出广告、介绍性短文等，将各种类型用户邀请到由研发团队专门构建的 SNS 客户网络中。客户网络中提供了社会网络服务的各种具体方法，包括微信、博客、威客、微博、播客、虚拟社区等。研发团队将当前复杂软件系统创意的关键概念，以主题性帖子或者以悬赏性任务公告形式，在客户社会网络中进行发布。客户则围绕这些主题展开讨论，或者展开创意方案竞赛，在必要的激励机制下相互之间不断学习、交流和创新。客户之间直接联系频率加大，原来的弱关系变成了强关系，加强了彼此信任感，渐渐形成了一些主流观点。

　　研发团队根据复杂软件系统创意提出了初始创意主题，目标是构建客户社会网络的初始知识情境，聚焦客户讨论焦点；在客户讨论中，有客户的讨论细节都被完整地记录下来。研发团队及时分析这些客户讨论观点的演变过程，了解主题与客户背景相关程度，以及持有这些观点的客户特征。第一轮讨论结束后，研发

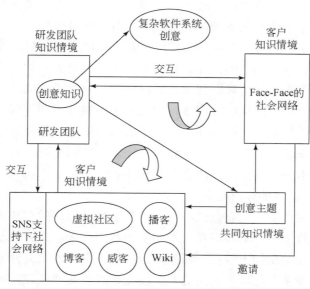

图 5-8　基于社会网络的客户创意知识获取方法

团队根据完善后的系统创意，提出新的创意主题，调整知识情境，引发 SNS 客户社区的第二轮讨论；当社会网络中的客户对创意主题形成了若干种主流观点，研发团队开始进行系统的归纳整理，并且联系持有该观点的代表性客户进行深度访谈，获取客户创意知识。通过这种多轮螺旋式的交互，不仅加强了客户间的关系，也加强了研发团队和客户间的关系，使多方意见达成一致，极大提升了研发团队获取的客户创意知识的数量规模的内在质量。

在基于社会网络的客户创意知识获取方法，具有以下三个优势。

1）互联网络和社会网络高度融合

社会网络是复杂软件系统客户之间人与人的关系集合，以现实联系为纽带，将研发团队和客户、客户与客户直接紧密连接，具有较高的信任程度，使用面对面交流进行客户创意知识获取。开放互联网络接纳任何现有的或潜在的客户，具有更大规模但连接较为松散，可以跨越时间和空间的限制，采用各种先进技术进行客户创意知识获取。从互联网络和社会网络两个角度，对应的客户创意知识获取效果各有优劣，很难具体选择。因此，基于社会网络的客户创意知识获取方法，就是将互联网络和社会网络结合起来，形成超网络结构，既面向互联网引入客户，也从传统社会网络邀请客户；既重视逐一收集个人观点，也重视归纳系统归纳集体观点；既重视客户规模降低成本，也重视客户质量深入跟踪，充分获取客户创意知识。

　　我们认为，互联网络和社会网络高度融合也代表着研发团队的知识协同水平（张庆华，2013）。知识协同支持研发团队成员对工作过程的目标导向，以及工作成果的评估与激励；而且，知识协同使得研发团队成员在开展工作前有足够的知识资源进行共享，查阅相关的文件、与相关的人进行沟通、学习相关工作的经验与实践知识；在与客户沟通获取创意知识过程中，研发团队成员能够有效进行知识协作，可以找到相关同事即时沟通，并在专题小组学习知识以及积累知识；并且重要的是，工作结束后，可以共享自己的工作的知识，从而形成知识的反馈循环系统。配合知识仓库系统，及时编码显性知识，并利用数据挖掘和知识发现技术，找到重要的客户创意知识，指导知识获取过程。

　　2）以主题为纽带的客户网络深度交互

　　与其他客户创意知识获取方法相区别，基于社会网络的客户创意知识获取提升客户之间交互程度，而不局限在研发团队与客户之间的交互。从研发团队角度看，研发团队给出初始知识情境、调整知识情境，直到形成共同知识情境的过程中，始终通过创意主题与客户之间交互。改变创意主题建立在阶段性梳理和分析主流观点的基础上，因此研发团队与客户交互并不频繁。从客户角度看，利用具体的社会网络服务方法，客户进行大量的讨论，提出各种各样的想法，相互之间不断地反驳和质疑，最终形成若干种主流观点和代表性客户。因此，社会网络服务方法充分利用互联网平台的优势，能够激励客户之间达到深度交互。

　　3）丰富各异的客户创意知识获取具体方法

　　在基于社会网络的客户创意知识获取方法框架下，具体可以使用丰富多样的方法和手段，如使用团队讨论法、博客、Wiki、虚拟社区等，但都是建立在基本社会网络上，在研发团队与客户、客户与客户之间围绕创意主题进行交互。

　　如通过 Wiki 这种具体的社会网络服务方法，客户可将自己所掌握的关于复杂软件系统的使用经验和设计想法，经过归纳总结、凝练提升后，形成具有结构严谨、内容系统的格式化文档进行私有或公开发布；经历这个知识表达过程，客户头脑中隐含的、模糊的各种创造性想法、工作经验、主观感受和零散思路，可以较为完整地在 Wiki 中进行记录和存储，实现了知识形式的转化，极大降低了研发团队获取客户创意知识的难度。更重要的是，客户社群中的成员都积极发表各自观点，通过 Wiki 本身的编辑功能形成知识补充和完善。即 Wiki 可以聚集具有大量对某个主题感兴趣的不同领域学科背景客户，将各自最有价值的想法和观点，不断补充到现有主题中，或者围绕主题形成不同类型的主要观点。一旦某个主题下的主要观点没有较大争议，一种新的客户创意知识随之清晰而自然地表述出来。

　　又如，采用虚拟社区方法，这种具体的社会网络服务方法，较为综合将电子邮件、即时信息、相册、在线调查、博客、播客、微博等具体方法综合运用等。
在虚拟社区中，所有研发团队成员与所有客户具有平等地位，不断构建和完善虚
拟社区的内涵。通过某个创意主题板块，研发团队可以获取客户创意知识，取得
全体客户的共同认知和智慧，具有较高的可靠性。其一，虚拟社区中的客户主动
搜寻支持创意过程，来自客户的各种文字、图片、视频、声音等信息，同时客户
也在主动搜寻研发团队所提出的各种创意，使虚拟社区成为一种双方知识需求匹
配的枢纽；其二是研发团队在虚拟社区中发布了创意后，客户主动将他们头脑中
具有的经验和知识发布出来。研发团队会就客户的回答继续跟帖，深入提问。研
发团队与客户、客户与客户之间进行连续、反复的知识情境交互，提升客户创意
知识的获取质量。具体反映在两方面，随着双方的螺旋式地反复交互，研发团队
对客户创意知识的理解将不断深入，最终获取到高质量的客户创意知识，支持复
杂软件系统创意从产生到完善的全过程。

5.4　客户创意知识获取方法与知识类型的关系

　　复杂软件系统研发中客户创意知识获取方法，与客户创意知识类型之间保持
一种不严格的松散关联。一般而言，以复杂软件系统创意四阶段来划分，各阶段
客户创意知识获取方法对应着不同的客户创意知识类型，如图 5-9 所示。

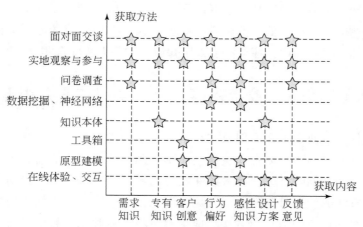

图 5-9　客户创意知识类型与获取方法的对应关系

　　（1）在创意产生阶段，侧重获取客户需求、客户组织文化、客户创意。按照
客户知识分类，可以采用不同的知识获取方法。对于客户需求知识和组织文化，
采用传统面谈、观察、参与、团队讨论、在线调查等方法，结合社会网络方法进

行系统获取；对于客户创意，使用创意工具箱获取。

（2）在创意发展阶段，侧重获取客户使用行为特征、使用偏好和习惯等方面知识，采用数据挖掘和多维分析技术的方法获取；对于客户感性知识，采用模糊粗糙集和人工神经网络方法获取。另外，还借助互联网虚拟体验技术，对行为偏好和感性心理知识进行系统的、自动的收集。

（3）在创意筛选阶段，侧重获取客户专有知识、管理流程、设计方案知识。对于这类知识，需要通过社会网络分析定位该客户的地理位置和联系方式，采用实地观察、参与学习等传统方式进行获取。也可以在虚拟情境体验环境下，伴随着客户网络协同设计过程，通过不同知识本体间的互动进行知识获取。

（4）在创意修正阶段，侧重获取客户建议反馈。客户建议和反馈可以通过在线问卷调查或留言板来获取。有必要时，可以结合社会网络系统更大规模发放调查问卷，保证客户创意知识的效度。

从图 5-7 可以看出两个明显的特点。第一个特点是传统社会网络类方法都适用于获取所有类型的客户创意知识。这是由于多数客户创意知识具有隐含性，需要通过软件研发团队和客户在特定情境下深度交互，在双方知识共同化过程中获取。传统社会网络类方法优势在于适用范围广，限制条件少，很容易实施且效果好，但不足在于调查成本高，效率低，耗费大量时间。第二个特点是获取研发团队与客户交互产生的知识，如客户感性知识、行为偏好知识、客户创意等知识具有较强内隐性，更适合采用基于互联网平台上的虚拟体验和交互的获取。这种方法的优势是速度快、成本低、范围广，缺点是客户知识获取的深度有限，特别对客户的专有知识很难获取，往往需要采用知识本体等方法配合实现。

5.5　基于知识情境交互的客户创意知识获取方法集成平台

复杂软件系统研发中客户创意知识，由于知识隐含性、类型多样性、过程阶段性等特征，不同的客户创意知识类型在不同创意阶段，可能需要不同的客户创意知识获取方法。同时，客观技术条件或使用者主观意志，也可能对特定客户创意知识获取方法的使用带有限制或偏见。因此，通过构建基于知识情境交互的复杂软件系统客户创意知识获取方法集成平台，将信息技术、智能计算、社会网络相互融合，使客户创意知识获取过程呈现出一种可以自由组合的，满足不同使用者的具体需求，如图 5-10 所示。

目前，软件研发团队一般采用交互式知识情境体验技术来构建客户创意知识获取集成方法平台。交互式知识情境体验技术是知识情境建模技术和网络在线体

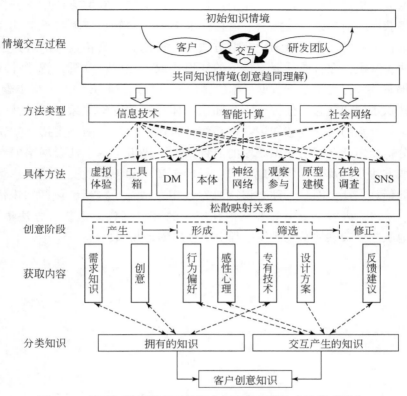

图 5-10　基于知识情境交互的客户创意知识获取方法集成平台

验相融合而形成的知识情境化描述方法，其核心是强调软件功能必须适应人类需要，软件系统在与用户交互过程中不断学习和进化。

交互式知识情境体验技术建立在知识情境交互的基础之上。在互联网技术环境下，对复杂软件系统进行原型建模，并构建一个客户使用的知识情境，蕴涵软件研发团队对复杂软件系统创意在愿望、信念、知识、技能、经验和看法等考虑。研发团队与客户通过交互式软件原型工具，对创意达到共同理解，具体可以通过 Axure RP、UI design 等交互式软件原型工具，模拟出未来复杂软件系统的可能的行为特征，使复杂软件系统创意直观地展现在客户面前，在复杂软件系统研发的模糊前端就给出产品未来的可信任框架。

5.6　本 章 小 结

本章提出了复杂软件系统客户创意知识获取的三类方法，并建立了客户创意知识获取方法集成平台。首先，在信息技术支持下知识获取方法中，分析了信息技术知识获取的前提条件，揭示了信息技术起到的"知识情境管道"作用，提出了基于虚拟体验的客户创意知识获取方法、基于创意工具箱技术的客户创意知识获取方法；其次，在智能计算支持下的知识获取方法中，分析了智能计算知识获取的前提条件，提出了基于数据挖掘的客户创意知识获取方法的分析步骤及框架，定义了知识本体的概念，分析了不同知识本体之间的互动关系框架，并建立了基于知识本体交互的客户创意知识获取系统；再次，在社会网络支持下知识获取方法中，分析使用社会网络知识获取的前提条件，提出了基于社会网络的客户创意知识获取方法，以及其具体表现形式；最后，基于知识情境交互过程，将信息技术、智能计算、社会网络三种知识获取方法相互融合，构建了包括知识情境、具体方法、阶段、内容、分类等要素内在统一的客户创意知识获取方法集成平台，更有效地获取复杂软件系统研发过程中的客户创意知识。

6 客户创意知识获取的影响因素实证

在复杂软件系统客户创意知识获取的研究中，分析客户创意知识获取因素的研究还较少。根据上述研究结果，并借鉴了先前学者的研究成果，从团队工具方法、外部社会资本、制度支持、知识特征、情境相似性等几个方面，开展复杂软件系统研发中客户创意知识获取的影响因素强度和方向的实证研究，促进研发团队更充分地获取客户创意知识。

6.1 模型构建与假设提出

6.1.1 概念模型构建

在复杂软件系统客户创意知识获取理论研究中，关于客户创意知识获取影响因素与研发团队知识获取的关系尚缺乏深入探讨。在知识转移情境研究中，Cumming 和 Teng（2003）提出包括人（关系）、工具、惯例（制度）三个要素，同时强调知识特征和关联情境的重要性。该模型中，发送方的知识"嵌入"在知识情境中，通过来关联知识情境和活动知识情境积极地影响接收方知识获取的效果。"嵌入"意味着知识在组织惯例、信息系统、社会网络中的深入程度，若嵌入程度越深，则知识越难转移。关联情境中的范式距离代表对共享观念和看法的理解相似程度，即知识相似性。范式距离越小，知识相似性越大，知识转移难度就越低。Cumming 和 Teng 所提模型如图 6-1 所示。

在充分借鉴 Cumming 和 Teng 的理论后，将人、工具、惯例三个要素引入模型，形成团队外部社会资本变量、团队工具方法变量、团队制度支持变量，并注意到了知识特征和关联情境要素，充分参考相关学者有关知识转移与获取影响因素的相关文献成果，结合补充前述客户创意知识特征分析、来源、模型、方法等系统性研究结果，形成了团队知识特征变量、情境相似性变量，构建了复杂软件系统客户创意知识获取影响因素的概念模型，如图 6-2 所示。

以研发团队知识获取过程中使用的工具方法、外部社会资本、制度支持，以及知识特征为自变量，以研发团队的客户创意知识获取为因变量，建立两者之间

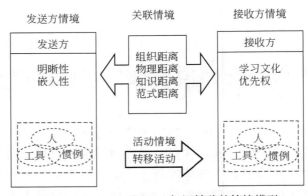

图 6-1 Cumming 和 Teng 知识转移的情境模型

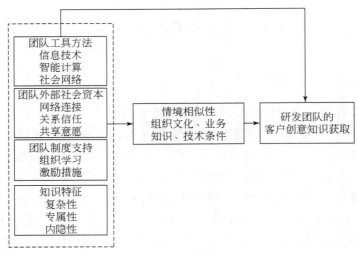

图 6-2 概念模型

的因果结构模型。在模型里，共有信息技术、智能计算、社会网络、网络连接、关系信任、共享意愿、组织学习、激励措施、知识复杂性、知识专属性、知识内隐性、组织文化、业务知识、技术条件、客户创意知识获取等 15 个潜变量。其中，智能计算、社会网络、网络连接、关系信任、共享意愿、组织学习、激励措施、知识复杂性、知识专属性、知识内隐性为外生潜变量，客户创意知识获取为内生潜变量。同时，以组织文化、业务知识、技术条件要素构成的知识情境相似性为中介变量，在外生潜变量和客户创意知识获取之间起到间接影响作用。

该模型根据客户创意知识的两种不同来源，在考虑客户自身拥有的创意知识直接获取的同时，着重考虑了研发团队与客户之间知识情境交互所产生的间接效应，具有一定的适应性和前瞻性。

6.1.2 研究假设的提出

6.1.2.1 团队工具方法与客户创意知识获取

复杂软件系统研发团队针对不同类型和内容的客户创意知识，可能采用功能和风格迥异的工具方法，主要包括以虚拟体验为代表的信息技术方法、以数据挖掘和知识本体为代表的智能计算方法、以社会网络服务为代表的社会网络方法，三者之间具有很强的内在联系。Choi（2000）在研究知识管理成功因素时进行了大量的实证研究，结果发现信息技术广泛用于知识搜寻与获取阶段，是客户知识获取的重要实现手段和工具，如通过企业资源计划系统、客户关系管理系统、客户呼叫中心等都是建立在信息技术方法上的。结合信息技术方法，众多学者证实了知识库、决策知识系统、数据挖掘、知识本体等技术对获取客户知识的可行性。并且，随着社会网络服务（SNS）不断发展，团队知识获取的工具方法也不仅限于从面对面访谈等形式，还包括基于互联网络的社会网络方法。Murphy（2012）强调在复杂的工程环境中，社会网络方法可以协助不同群体之间的隐性知识和显性知识的知识转移。Zhang（2011）通过多案例研究发现，越来越多的企业正在创建虚拟社区，与现有和潜在客户进行互动与分享知识，为企业产品和服务提供支持。同时，该研究证实，在一定条件下，社会网络方法的应用与企业对客户知识管理水平起到正向影响作用，能有效地促进客户知识获取过程。

基于上述分析，提出如下假设：

H1：研发团队工具方法对研发团队客户创意知识获取具有显著的正向影响

H1-1：信息技术对研发团队客户创意知识获取具有显著的正向影响

H1-2：智能计算对研发团队客户创意知识获取具有显著的正向影响

H1-3：社会网络对研发团队客户创意知识获取具有显著的正向影响

6.1.2.2 团队外部社会资本与客户创意知识获取

外部社会资本是复杂软件系统研发团队与外部组织或个人进行互动行为带来价值的非正式关系的总和，包括结构维度、关系维度和认知维度。从结构维度上看，对客户创意知识获取而言，研发团队在与外部客户互动联系时，必定要嵌入客户社群网络中，客户成为研发团队的外部社会资本，并在微观层面上通过人际交流，提高研发团队知识获取效率和整合程度。Presutti等（2007）通过研究国外客户知识获取中，证实社会资本的结构嵌入性越高，企业越可能获取更多的客户知识。从关系维度和认知维度上看，张方华（2006）通过对我国 210 家知识型企业实证研究发现，企业社会关系资本与知识获取的程度呈正相关关系。范钧（2011）的实证研究表明，社会资本的关系维度对 KIBS 中小企业客户拥有的知识获取有显著正向影响。李自杰等（2010）证实了信任对知识获取的积极效果。

根据高展军和江旭（2011）的研究成果，三个维度对应于网络连接（结构维度）、关系信任（关系维度）和共同语言（认知维度）三个指标。研发团队与客户为了形成对复杂软件系统创意的共同语言，需要反复地、多轮多次地交换相互看法、态度等各种相关知识，并且持续不断地给客户提供可以测量和体验的软件产品或者服务。双方不断地交流和互动过程中，企业和客户不断地磨合，最后达成一致。

基于上述分析，提出如下假设：

H2：团队外部社会资本对研发团队客户创意知识获取具有显著的正向影响

H2-1：团队与客户网络连接对客户创意知识获取具有显著的正向影响

H2-2：团队与客户关系信任对客户创意知识获取具有显著的正向影响

H2-3：团队与客户共同语言对客户创意知识获取具有显著的正向影响

6.1.2.3　团队制度支持与客户创意知识获取

制度支持帮助研发团队提升外部客户知识获取程度，与客户创意知识获取的外部环境相互协调。这些制度不仅深刻地影响研发团队外部知识获取能力，而且也通过内部制度的建立和执行，借由研发团队和客户之间正式和非正式的人际互动关系，积极影响了外部客户知识贡献的意愿和行为结果。龙勇等（2005）通过实证分析发现，学习能力和知识获取关系联系紧密，知识获取是技能型战略联盟的核心任务，而学习能力又是知识获取的决定性因素。张若勇等（2008）通过对我国 122 家服务企业进行问卷调查，实证分析的结果发现，组织学习意向能有效促进企业对顾客知识获取。杨嵘等（2012）对企业中高层管理人员的问卷调查和数据分析，根据组织学习的活动过程，对组织学习的过程或活动进行分解，将其划分为知识发现、知识比较、行为反思、学习纠错和组织记忆等 5 个项目管理活动，并进而以实证研究揭示组织学习能促进客户知识获取行为。

另外，大量的研究表明，在客户知识管理环境下，对研发团队成员采取具体激励措施，能促进内部团队知识获取行为，从更大的范围强化了组织学习的效果，同时激励措施客观上也提升了外部客户知识贡献的积极性和主动性。魏红梅和鞠晓峰（2009）指出客户拥有企业所不具备的知识，因此在双方信息不对称条件下，企业必须设计一定的激励机制，才能诱使客户选择适当行为提供这些重要知识。因此，上述学者的研究表明，合理制定组织学习制度和激励机制，能有效提升组织学习能力和意愿程度，刺激客户贡献创意知识的热情，进而影响客户创意知识获取的结果。

基于上述分析，提出如下假设：

H3：团队制度支持对研发团队客户创意知识获取具有显著的正向影响

H3-1：团队组织学习对研发团队客户创意知识获取具有显著的正向影响

H3-2：团队建立激励措施对研发团队客户创意知识获取具有显著的正向影响

6.1.2.4　知识特征与客户创意知识获取

复杂软件系统客户，其组织往往是规模庞大、业务流程错综复杂，所拥有的创意知识也具体有一定的复杂性、专属性、隐含性特征。

复杂性反映了知识高度综合、很难被清晰地分割的特点。研发团队从客户身上获取的软件创意知识，需要更多相关部门的配合，并且与客户背景知识和其他知识相互融合在一起，存在高度依赖和嵌套的复杂关系。Madsen 和 Mosakowski（2003）认为，复杂性会进一步导致知识模糊性，从而对知识获取产生负面影响。Simonin（1999）认为，专属性是知识模糊性的来源。从本质上，知识的专属性和复杂性导致客户创意知识本身难以分割，当客户试图向研发团队贡献知识时，在提供知识内容的同时，也要提供知识所关联的知识情境，才能完整地表述客户创意知识的真实涵义，知识获取难度倍增。对于隐含性，Zander 和 Kogut（1995）认为，知识的隐含性导致较强的模糊性，难以顺利地转移和获取。

基于上述分析，提出如下假设：

H4：客户创意知识特征对客户创意知识获取具有显著负向影响

H4-1：客户创意知识的复杂性对客户创意知识获取具有显著负向影响

H4-2：客户创意知识的专属性对客户创意知识获取具有显著负向影响

H4-3：客户创意知识的内隐性对客户创意知识获取具有显著负向影响

6.1.2.5　知识情境相似性与客户创意知识获取

研发团队在面对复杂软件创意问题时，自身所掌握的知识有限，必须有效地找到和使用客户拥有的知识资源。然而，客户创意知识与客户经验以及当时的工作环境、场景有关，是一种与知识情境高度关联的知识，体现为客户创意知识的情境嵌入性。

正如 Polanyi（1966）所认为的，这种知识嵌入特定的知识情境中，并且在不断地动态变化，使知识与其存在的情境无法清楚分割。只有当新知识情境与原知识情境相似时，原有的隐性知识最容易被激活。Nonaka（2000）把"场"作为一种共有知识情境，认为知识获取方"如果没有设身处地的体验，就缺少具体场景的信息，因此无法深入理解或再现事物本来的全貌"，这其中既包括客户创意知识类型的广度，也包括知识的理解深度。Petruzzelli 和 Albino（2009）也认为，知识情境决定了其转移内容和质量，若双方有共同的经验、感受，即双方知识情境相似性越高，则获取知识的模糊性越小，知识获取效果就越好。他认为知识情境相似性的提高对知识转移具有正向的影响作用，知识领域重叠有助于知识获取的顺利开展。徐金发等（2003）认为组织的环境、战略、文化、组织结构和过程、技术和运营等知识情境因素的相似度越大，组织之间就越容易进行知识获取与转移。知识管理学家 Jessup（2009）对不同领域的知识转移研究结果表明，在知识情境相似性较高的情况下，不同领域的知识更容易转移。Richter（2009）认为，知识获取过程是一种典型的基于知识情境相似性的案例推理过程，研发团队与客户之间的知识情境的相似性程度，直接决定了客户创意知识获取内容和效果。因此，从上述学者研究成果看出，研发团队的知识情境尽量靠近客户的知识情境，可以促进客户知识获取效果提升，即知识情境相似度会影响知识获取的结果。

然而，客户创意知识情境不仅涉及客户单位的组织结构、管理风格、文化氛围、规章制度、价值理念，而且还涉及客户单位专有的领域知识、复杂业务流程和处理技巧，以及在软件及硬件条件、技术人才储备等方面的千差万别。另外也涉及客户的个体层面，如个人的认知能力、知识结构、思维方式、个性偏好等。这些不同层面和性质，错综复杂因素制约着研发团队向客户传递复杂软件创意概念的准确性，也制约着从客户身上获取创意知识的有效性。因此，从知识情境的不同维度出发，形成双方都能理解的共同知识情境，即尽可能在取得不同维度下最大的知识情境相似性，客户就可以有效贡献出个性创意知识。

基于上述分析，提出如下假设：

H5：知识情境相似性对客户创意知识获取具有显著的正向影响

H5-1：知识情境文化维度相似性对客户创意知识获取具有显著正向影响

H5-2：知识情境业务维度相似性对客户创意知识获取具有显著正向影响

H5-3：知识情境技术维度相似性对客户创意知识获取具有显著正向影响

6.1.2.6　知识情境相似性的中介作用分析

在复杂软件系统研发团队的客户创意知识获取过程中，知识情境相似性受到了团队工具方法、团队外部社会资本、团队制度支持的影响。

（1）团队工具方法、知识情境相似性与客户创意知识获取的关系。信息技术出现，不但全球性客户可以克服时空障碍，而且降低了研发团队与客户双方存在的知识情境距离。Joshi 和 Sarker（2007）等认为知识情境在利用信息技术促进知识获取与共享过程中起到重要作用。郭京京和俞里平（2008）认为，工具方法本质上是通过其反馈功能、符号多样功能、多人参与功能、重复编辑功能、重复处理功能，提高研发团队和客户知识情境相似性，进而获取更多的客户创意知识。

通过基于互联网等信息技术，通过多媒体工具或和创意工具箱，研发团队和客户之间使用事先约定的、标准的符号和图形，交流对创意的看法，在交互过程中创建动态知识情境空间，不断提升双方共同理解；通过虚拟现实技术，客户亲身体验创意原型，并使用交互工具修改模型，主动引导研发团队的知识情境变化；与智能计算相互融合，通过知识本体等智能技术，将创意知识表达成为去情景化知识，方便知识的转移、存储和重用；与社会网络相互融合，通过各种具体的社会网络服务方法，如博客、微博、虚拟论坛等，使全球客户能够跨越不同地理位置，不同时区限制进行广泛沟通，创造"场"的共有知识情境，并将累积的数据知识通过数据挖掘步骤进一步分析，提升知识情境相似性。

基于上述分析，提出如下假设：

H6：知识情境相似性在团队工具方法和客户创意知识获取间起中介作用

（2）团队外部社会资本、知识情境相似性与客户创意知识获取的关系。柯江林等（2007）认为，社会资本涉及组织之间的网络连接强度，相互信任和共同语言。相对应地，客户创意知识也存在于社会关系网络之中，具有高度情境嵌入性，根植于客户个体的日常行为偏好、习惯、认知能力中，受制于客户所在组织的文化、技术、业务等知识情境，很难系统性地表达和传递。考虑到研发团队和客户双方的社会关系网络共同背景，可以通过提升研发团队外部社会资本，进而提升双方的知识情境相似性。Burt 等（1992）认为，网络的强连接关系将促进双方之间的信任和共同愿景。通过加强双方网络连接的强度，更加频繁的交流和沟通，客户可以深刻理解复杂软件系统创意的知识需求，了解研发团队的目标、结构、任务、风格；研发团队可以帮助客户掌握更多的知识表达工具和技巧，深入了解客户组织的管理风格、组织文化、业务特征等，增加双方知识背景相似性，密切双方情感关系，培养相互信任感，使双方形成对创意的共同认知和理解，采用共同语言进行表述，使双方知识情境趋于相似。

基于上述分析，提出如下假设：

H7：知识情境相似性在团队外部社会资本和客户创意知识获取之间起中介作用

（3）团队制度支持、知识情境相似性与客户创意知识获取的关系。辛文卿（2010）认为，不同主体间进行知识转移不仅仅是知识本身的转移，也不仅仅是对接收方的知识情境适应，而是一个知识情境转化或重构的过程。因此，研发团队从客户身上获取创意知识，是双方彼此的知识情境相互习得和共同适应的动态过程。Edmondson 等（2003）认为，组织学习正是一种互动、开放的学习过程。组织学习制度不仅有利于研发团队理解和适应外部客户的知识情境，同时推动着研发团队知识情境对客户知识情境产生一定影响，在互动中达到动态情境匹配。在严格组织学习程序和制度支持下，研发团队与客户之间依赖信息技术、智能计算、社会网络等获取方法，进行频繁的跨组织知识情境转移，不断缩小两者差异。因此，组织学习制度始于研发团队知识情境，作用于客户知识情境，最后反馈给研发团队知识情境，最终目标是提升研发团队的知识情境适应能力，提升与客户的知识情境相似性。另外，通过形式适当的激励机制设计，如根据客户知识重要度，考虑聘用客户成为企业咨询顾问、邀请客户参与创意设计并支付报酬、免费参加企业的联谊活动等，都会增进客户对研发团队知识情境的主动了解，形成和谐关系，创造双方的共同语言和愿景，进一步提升双方的知识情境相似性。

基于上述分析，提出如下假设：

H8：知识情境相似性对团队制度支持和客户创意知识获取关系起中介作用

（4）团队知识特征、知识情境相似性与客户创意知识获取的关系。知识情境相似性反映了研发团队与客户双方之间知识势差，具体体现在组织文化维度、业务知识维度、技术条件维度的匹配程度。而客户创意知识特征，与其所在行业的专有技能和经验紧密相关。MoreLand 等（1996）认为，不同工具与惯例的专门经验和知识，由于本身很强的专属性和复杂性，新组织将难于复制原有的相关情境。Teece（1998）也认为，知识专属性等特征，导致知识无法被另一个环境所复制。因此，客户创意知识越复杂，隐含性越强，专属程度越高，就越难被外部所理解，双方达成相似知识情境的可能性越小。

基于上述分析，提出如下假设：

H9：知识情境相似性在团队知识特征和客户创意知识获取间起中介作用

6.2　调查问卷设计

本书使用实证研究方法，通过向复杂软件系统研发团队发放调查问卷，系统性收集需要的数据资料，在对问卷进行整理和统计的基础上，通过与理论模型的拟合和结果分析，对研究假设和概念模型进行检验。

6.2.1　调查目的与对象

调查问卷的目的是了解复杂软件系统研发团队获取客户创意知识的情况，分析影响客户创意知识获取的主要因素，明确这些因素作用方向和影响程度，进一步验证研发团队与客户双方的知识情境相似性所起到的中介作用，为复杂软件系统研发团队全面而高效地获取客户创意知识提供科学证据。

本次调查以复杂软件企业研发团队为研究对象，重点调查目前从事复杂软件系统研发的项目负责人、产品经理、需求经理、知识工程师、系统分析师、程序设计师、测试员，以及与复杂软件团队创意相关的其他服务人员。

6.2.2　问卷量表设计

在问卷量表中涉及的题项，一部分是在阅读大量国内外相关文献基础上，从中抽取了已有文献中使用过详细题项，或者被广泛使用成熟题项；另一部分根据已有文献实证记载，结合对哈尔滨市相关软件研发团队的预研而自行设计题项。为了保证问卷的信度和效度，在形成初始问卷后，研究中选取了哈尔滨中和信息技术有限公司、黑龙江劝业科技有限公司、黑龙江中软计算机股份有限公司、畅捷通信息技术股份有限公司（北京）、山东正中计算机网络技术咨询有限公司等5家软件研发企业进行了小样本测试。测试结果发现，部分题项的学术性过强，用词过于专业晦涩难懂。在采纳了2位知识管理专家学者的意见后，对初始问卷题项中存在的概念偏差、语意不清、用词晦涩的题项进行了调整，形成了最终的调查问卷。

所有问题均采用 Likert 五级量表的方式采集受访者的数据，分数从1分（非常不符合）到5分（非常符合）。具体调查问卷可参见附录。

6.2.2.1　团队工具方法

这里，通过信息技术、智能计算和社会网络三个变量，对研发团队的工具方法进行衡量和测度。

信息技术主要是指为研发团队对客户创意知识进行组合性获取过程中，最经常使用的信息技术手段。根据 Barthel 等（2013）、Parkinson 和 Hudson（2002）、Wansink（2005）、马捷（2006）、秦亚欧和李思琪（2011）等的研究，结合复杂软件系统研发团队信息技术应用情况设计了4个量表项目。智能计算指的是通过数据挖掘、决策支持、知识库、知识本体等智能性方法，对客户创意知识进行探索性获取。根据 Shaw 等（2001）等的研究，这里设计了3个量表项目。社会网络不仅包括面对面访谈、焦点小组等传统的社会网络手段，也包括使用现代社会媒体技术，如通过虚拟客户社区、即时交流等社会性软件技术和工具，加强研发团队与客户间社会交流和沟通水平。根据 Kratzer 等（2010）、Henttonen（2010）、汤超颖和邹会菊（2012）的研究，结合复杂软件系统研发团队与客户网络沟通特征，设计了 2 个量表。具体情况如表 6-1 所示。

表 6-1　团队工具方法的变量量表

变量标记	问题描述
信息技术	团队经常通过视频展示的方式与客户进行交流
	团队经常使用多媒体技术与客户交换想法
	团队经常邀请客户参与产品的虚拟原型体验
	团队经常采用创意支持系统与客户协同创意
智能计算	团队经常用数据挖掘技术，分析客户数据并试图找出规律
	团队经常使用客户知识库系统
	团队经常使用智能性知识工程系统收集客户知识
社会网络	团队经常与客户面对面访谈或实地考察
	团队经常使用社会网络与客户交流（如 QQ、博客、社区）

6.2.2.2　团队外部社会资本

团队外部社会资本主要从研发团队与客户之间网络连接、相互关系信任情况，以及创意知识的描述与理解的共同语言三个方面进行考察。

网络连接是指双方交流频度和广泛程度，深刻地影响研发团队外部社会资本测量结果。根据 Bercovitz 和 Feldman（2011）、杨瑞明等（2010）等的研究，结合复杂软件系统研发团队与客户交流的实际背景设计了 3 个量表项目。关系信任双方基于双方自身的信誉、诚实、正直以及以前合作过的经历而产生的相互认可态度。研发团队与客户之间的信任程度越高，客户就更可能根据约定提供高水平知识，因此研发团队知识获取效果越好。根据 Panteli 和 Sockalingam（2005）、Huang（2009）、Dayan 和 Di Benedetto（2010）以及张旭梅和陈伟（2009）等的成果，此概念设计了 3 个量表项目。共同语言指的是在研发团队和客户之间，由于双方文化背景、思维方式工作等方面的差异，导致双方存在沟通鸿沟。从构建角度出发，基于共同目标和意愿，研发团队不仅要与客户之间建立紧密的联系，而且要清楚地了解客户工作过程中所使用的工具，如软件、工具、流程等，促进双方无障碍的交流。根据 Green 等（1996）、Klitmøller 和 Lauring（2012）、彭灿和李金蹊（2011）等的研究，结合复杂软件系统研发团队知识情境设计了 3 个量表项目，具体情况见表6-2。

表6-2　团队外部社会资本的变量量表

变量标记	问题描述
网络连接	团队并不是与所有客户都保持密切的接触
	团队与重点客户之间经常有非正式交流与沟通
	团队与重点客户之间定期进行的正式交流与沟通
关系信任	客户愿意与我们分享相关业务与技术知识
	团队信守承诺，不侵犯客户利益
	双方长期交流过程中，形成了深厚的信任
共同语言	团队能很好地理解客户相关人员说的专业术语
	双方对项目所涉及专业领域的符号、用语、词义都很清楚
	对于客户描述的项目问题，团队都能很快明白

6.2.2.3　团队制度支持

研发团队的制度支持包含组织学习和激励措施两个方面。

组织学习是组织成员不断获取知识、改善自身的行为、优化组织的体系，以在不断变化的内外环境中使组织保持可持续生存和健康和谐发展的过程。复杂软件系统研发团队的组织学习重点在于外部知识学习，是通过建立系统性学习的制度，不断强化组织根据自身发展需要对外部客户知识进行辨识、获取和吸收的学习过程。根据 Stein 和 Smith（2009）、陈国权（2009）等的研究，此概念设计了 3 个测量项目。激励措施包括外部客户和团队内部两个角度，其首要目标是吸引更多客户积极参与复杂软件系统的研发过程，次要目标是激励团队内部的创新风气。结合 Cumming 和 Teng（2003）的研究成果，此概念设立了 3 个量表项目。具体情况如表6-3所示。

表6-3　团队制度支持的变量量表

变量标记	问题描述
组织学习	团队善于从外部客户身上获取经验和知识
	团队想出很多办法来学习客户知识，并应用在工作中
	团队通过反思和纠错行为，反复提升学习效果
激励措施	团队内部鼓励成员提出有创意的新观点和想法
	团队内部鼓励成员积极与客户沟通，获取客户创意知识
	团队制定一系列措施，激励提供创意知识的客户

6.2.2.4　知识特征

对于客户创意知识特征概念，拟采用复杂性、专属性、内隐性三个变量来测量。知识特征的测量源于对知识转移过程中的难易程度测量，相关量表均从知识本身的特征出发来制定。

Teece（1998）的研究，提出知识的复杂性、专属性、内隐性。知识复杂性是客户组织内部相互联系的技术、流程、个体和资源共同作用的结果，可以通过待解决领域问题的难易程度来衡量。由不同员工所掌握，嵌入在多个技术、路线、知识源当中，需借助多个领域的知识方能理解。复杂性越强的知识，专业性与理解难度越高，需要借助更多的专门设备和工具将知识解释清楚。知识专属性与知识情境紧密相关，专属性越高，创意知识与特定背景的联系越紧密，创意知识从客户转移到研发团队的难度越大。内隐性测量客户对创意知识表述难度。结合Winter（1998）、Simonin（1999）、Rizzello（2004）、丁炜（2006）等的研究量表，此概念对复杂性、专属性、内隐性共设计了 8 个量表项目，具体情况见表 6-4。

表 6-4　知识特征的变量量表

变量标记	问题描述
复杂性	客户业务过程错综融合，分析难度大
	客户经验和知识较为复杂，需要特殊工具和方法采集
	团队很难在短期内熟悉并掌握客户拥有的经验和知识
专属性	客户经验和知识多数为高度专业化的知识
	要获取客户经验和知识，需要多学科背景人员合作完成
	客户经验和知识需要在一定环境条件下才能理解和掌握
内隐性	客户经验和知识难以用口头表达清楚，需要"干中学"
	客户经验和知识是隐性的，深藏在员工的头脑中

6.2.2.5　知识情境相似性

按照知识情境子维度的划分，知识情境相似性包括组织文化维度、业务知识维度、技术条件维度三个方面。

组织文化是组织成员共有的价值观与规范的集合。在跨组织知识获取过程中，双方组织文化差异会导致知识情境相似性的降低。根据 Lemon 和 Sahota（2004）、Jones 等（2006）、李纲（2008）的研究结果，组织文化维度最终设计了 3 个量表项目。客户业务知识覆盖了客户组织内部不同职能部门的领域专有知识、部门之间的层次关系知识、流转和处理过程知识所有层面。基于研发团队对客户业务知识的理解，业务知识维度差异导致双方知识情境相似性的降低。根据 Willoughby 等（2009）、李海刚和尹万岭（2009）、乐承毅等（2010）的研究结果，业务知识维度最终设计了3个量表项目。技术条件维度差异指的是双方在复杂软件系统实际运行物理环境方面的差异，以及这种差异的动态迁移所产生的效果。尽管研发团队与客户之间学习内容是异质性知识，但是过于"陌生"的技术环境，会阻碍双方顺畅交流、充分理解。根据 Lynskey（2001）、周华（2009）和韩伯棠的研究结果，技术条件维度最终设计了2个量表项目。具体情况见表6-5。

表 6-5　知识情境相似性的变量量表

变量标记	问题描述
组织文化	研发团队组织文化与客户组织文化有较大的差距
	客户的组织文化保持相对稳定
	在双方交流中，不同组织文化可以相互作用影响
业务知识	对业务知识理解上，团队与客户之间存在一定距离
	客户的业务处理模式会随外部环境不断调整
	对不同客户业务知识，团队必须重新学习和调整
技术条件	不同客户的机器设备等硬件配置差别较大
	不同客户的技术队伍的能力水平差别较大

6.2.2.6　客户创意知识获取

当前文献尚无针对客户创意知识获取的现成量表，其测量主要基于与客户知识获取量表的研究。客户知识获取的量表较为成熟，主要是从客户知识的内容和类型上进行设计。陈羽（2012）将客户知识来源划分为三种：客户扫描知识、客户交互知识、客户共同开发的知识。客户扫描的知识主要是通过参加会议、阅读技术报告和科学出版物、使用因特网，甚至使用逆向工程获取；客户交互知识是企业与客户频繁交互过程中，相互交流和沟通而获取，如深入访谈、深入观察、客户反馈等；客户共同开发则是研发团队邀请客户参加复杂软件系统的研发过程，客户可能承担系统研发的部分工作任务，团队与客户之间进行高频度的交互，直接获取客户知识，如邀请顾客参与新产品开发的设计方案制订。该量表综合考虑了客户知识的显性和隐性、客观与主观、静态与动态等不同特征，同时考虑到知识获取手段和工具结合需要，较为全面地分析了客户知识内容和类型，为客户创意知识获取量表项目的提出打下理论基础。在陈羽的研究基础上，结合吴亚玲（2007）、王立生（2007）、吴晓冰（2009）相关客户知识获取量表研究，考虑到客户创意知识获取的实际背景，客户创意知识获取概念设计了 9 个量表项目。具体情况见表 6-6。

表 6-6　客户创意知识获取变量量表

变量标记	问题描述
研发团队客户 创意知识获取	团队获取了大量客户的需求知识
	团队获取了大量客户的管理流程与控制知识
	团队获取了大量客户的专有领域知识
	团队获取了大量来自客户的创意
	团队获取了大量客户的行为与偏好知识
	团队获取了大量客户的感性知识（感受和直觉）
	团队获取了大量客户的设计方案知识
	团队获取了大量客户的改进意见和反馈
	团队获取了大量客户的组织文化和背景知识

6.2.3　数据收集

本次所调查的复杂软件系统研发团队，主要来自于在北京、济南、哈尔滨等城市的 9 家软件企业。具体调查有两个途径。

一是利用学校组织企业调研的机会，深入济南齐鲁软件园企业和其他软件公司（如山东省计算中心、浪潮集团等），与研发团队的负责人和主要成员进行面对面的访谈，在建立联系后通过电子邮件等方法填写。

二是通过朋友、同学关系，约请在大型软件企业负责产品开发或从事相关管理工作的同事当面或在线填写问卷。对软件研发团队的选择，基本要求是必须从事过，或者正在从事着大型复杂软件系统研发工作，团队规模一般保持在 10 人以上，团队成员的职责定位清晰，项目或产品拥有稳定的客户群。

为了保证问卷反馈的质量，在问卷发放之前，通过电话与受访对象，针对问卷题项，进行详细的解释和说明；在调查问卷的第一部分，详细说明问卷目标、关键概念的内涵；在调查问卷的最后部分，标明问卷作者的姓名和联系方式，以便受访者对题项的理解出现困难或歧义时，可以与作者直接联系；在问卷最后部分，请求受访对象评价问卷质量，提出问卷可能遗漏的量表项目。

本次调查共发出 500 份问卷，其中 382 份成功回收，回收率为 76.4%。回收的 382 份问卷中，去掉 27 份无效问卷，实际有效样本问卷 355 份，有效回收率为 71%。样本数量满足结构方程模型要求，可以进行数据分析。

6.3　数据分析

6.3.1　结构方程模型

根据调查问卷结果汇总得到的数据，使用 SPSS13.0 对数据进行描述性统计，对所获样本数据的信度、效度进行检验，利用结构方程工具 AMOS17.0（构建 CFA 模型）对理论假设进行检验和拟合工作。

结构方程模型分析结合了验证性因素分析与经济计量模型的优势，将测量和分析整合为一，通过构建测量模型和结构模型来分析潜变量之间的假设关系，其本质是对假设模型隐含的协方差矩阵与实际收集数据导出的协方差矩阵直接差异比较，通过分析同时处理多个因变量，估计因子结构和因子关系，以及整个模型的拟合程度，因而适用于整体模型的因果关系。结构方程分析采用了极大似然法进行参数估计，需要较多的样本数量。然而，参数估计与适配度的卡方检验对样本数量非常敏感，因此需要参考多向度指标值进行综合判断。Bagozzi 和 Yi（1988）认为，在模型的适合度检验上，可以使用卡方/自由度值、拟合优度指数（GFI、AGFI）、残差平方根（RMSR）、近似误差均方根（RMSEA）等指标，考察所估计的参数是否达到显著水平。

结合研究问题的具体特征，为了从整体上研究复杂软件系统研发过程中的客户创意知识获取影响因素的关系，采用结构方程的分析是恰当而合理的。一个完整的结构方程模型分析基本步骤如图 6-3 所示。

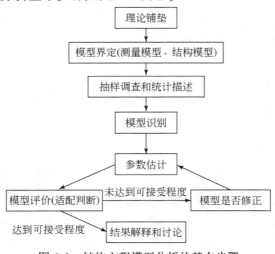

图 6-3　结构方程模型分析的基本步骤

6.3.2 描述性统计分析

对复杂软件系统研发团队成员调查问卷的描述性统计分析，如表6-7所示。

表 6-7 复杂软件系统调查的受访对象基本知识情境

测量项目	内容	频数	比例/%	累计比例/%
性别	男	238	67.0	67.0
	女	117	33.0	100.0
年龄	18~22	59	16.6	16.6
	23~29	168	47.3	63.9
	30~39	97	27.3	91.2
	40~49	24	6.8	98.0
	50~59	7	2.0	100.0
	60 以上	0	0.0	100.0
教育程度	专科及以下	57	16.1	16.1
	本科	192	54.1	70.2
	硕士	83	23.4	93.6
	博士及以上	23	6.4	100.0
职称	初级	36	10.1	10.1
	中级	166	46.8	56.9
	高级	137	38.6	95.5
	其他	16	4.5	100.0
任职情况	产品经理	20	5.6	5.6
	需求经理	87	24.5	30.1
	系统设计师	47	13.2	43.3
	程序员	103	29.0	72.3
	测试员	39	11.0	83.3
	服务销售员	33	9.3	92.6
	知识工程师	26	7.4	100.0
团队年限	0~2年	97	27.3	27.3
	3~5年	222	62.5	89.8
	6~10年	36	10.2	100.0
	10年以上	0	0.0	100.0

从受访对象的性别上看，复杂软件系统研发团队中男性居多，占到了 67%；从年龄来看，23～29 岁的年轻人占 47.3%，30～39 岁占到 27.3%，18～22 岁占到 16.6%，40～49 岁占到 6.8%，50 岁以上的仅占 2.0%。因此，从年龄结构上看，23～40 岁之间年富力强的中青年成员，是软件行业研发人员的主体，承担着复杂软件系统研发最繁重的工作；从教育程度程度上看，本科与硕士学历的受访对象占到了全体成员 77.5%，表明复杂软件系统研发属于知识高度密集型过程，对人才素质和学科专业知识背景要求较高；从职称构成上看，初级职称占 10.1%，中级职称占 46.8%，高级职称占到 38.6%，中级和高级职称的受访者基本持平，因此所调研团队的整体经验水平较高，可以了解到团队的知识吸收与转化能力较强，这会影响复杂软件系统创意形成和完善的质量、速度；从任职情况和工作性质上看，担任研发团队产品经理或者项目经理共 20 人，担任需求经理或系统分析师的占到全体的 24.5%，系统设计师占到了 13.2%，程序员占到 29%，测试员占到 11%，服务与销售人员占到 9.3%，知识工程师占到 7.4%。因此，承担软件初始创意具体化与客户需求知识反馈系统化两项重要任务的需求经理，以及原型实现进行概念验证和交互的程序员，是软件研发团队人才构成的重要成分。从团队工作年限上看，在团队内部工作 2 年的占到 27.3%，3～5 年的占到 62.5%，6 年以上的占到 10.2%。在调研中发现，复杂软件系统研发生命周期，一般均在 5 年左右，因此团队成员从进入团队到软件研发结束，集中在 3～5 年。

分析复杂软件系统客户创意知识获取调查发现，最终有效问卷来自于 42 个研发团队，涉及公司性质、研发参与人数、研发持续时间、研发类型、研发涉及行业、对应客户数量、研发目前阶段。从企业的性质来看，国企占据 14.3%，民企占据 81%，合资企业占据 4.7%；从研发团队人数看，15 人以下的有 4 个，占到 9.5%，15～30 人之间规模的最多，占到 69%，30～50 人的占 16.7%，50 人以上的大规模团队占 4.8%；从研发持续时间看，2 年内的团队有 9 个，占 21.4%，2～5 年的团队有 27 个（其中持续 4 年的团队 21 个），占 64.3%，5～10 年的团队 4 个，占 9.5%，持续 10 年以上的研发 2 项，占到 4.8%；从研发类型上看，项目型研发是主要形式，共有 36 项占到 85.7%，而产品型研发仅 6 项占到 14.3%；从复杂软件系统研发所涉及行业上看，属于 IT 行业的 9 项，占 21.4%，属于文化出版的 3 项，占 7.2%，属于交通运输的 3 项，占 7.2%，属于政府领域的 8 项，占 19%，属于石油化工的 1 项，占 2.4%，属于制造业的最多共 18 项，占到 42.8%；从复杂软件系统的客户数量看，对应 10 个以内客户的研发团队有 6 个，占到 14.3%，对应 11～100 个客户的研发团队有 21 个，占到 50%，对应 101～500 个客户的研发团队有 2 个，占到 4.7%，对应 500～1000 个客户的研发团队有 2 个，占到 4.7%，对应 1000 以上个客户的研发团队有 11 个，占到 26.3%；从复杂软件系统研发目前所处的阶段上划分，处于系统规划期的 5 项，占 11.9%，处于需求调查和系统分析的 12 项，占 28.6%，处于系统设计阶段的 10 项，占 23.8%，处于系统开发与测试的阶段的 7 项，占 16.7%，处于系统实施阶段的 7 项，占 16.7%，处于系统运行与维护的 1 项，占 2.4%。复杂软件系统团队的研发基本情况如表 6-8 所示。

表 6-8　复杂软件系统团队的研发基本情况

测量项目	内容	频数	比例/%	累计比例/%
公司性质	国有企业	6	14.3	14.3
	民营企业	34	81.0	95.3
	合资企业	2	4.7	100
研发参与人数	15 以下	4	9.5	9.5
	15~30 人	29	69.0	78.5
	30~50 人	7	16.7	95.2
	50 人以上	2	4.8	100.0
研发持续时间	0~2 年	9	21.4	21.4
	2~5 年	27	64.3	85.7
	5~10 年	4	9.5	95.2
	10 年以上	2	4.8	100.0
研发类型	项目型	36	85.7	85.7
	产品型	6	14.3	100.0
研发涉及行业	IT 行业	9	21.4	21.4
	文化出版	3	7.2	28.6
	交通运输	3	7.2	35.8
	政府	8	19.0	54.8
	医疗卫生	1	2.4	57.2
	制造业	18	42.8	100.0
对应客户数量	10 个以内	6	14.6	14.6
	11~100 个	21	51.2	65.8
	101~500 个	2	4.9	70.7
	500~1000 个	2	4.9	75.6
	1000 个以上	10	24.4	100
研发目前阶段	系统规划	5	11.9	11.9
	系统分析	12	28.6	40.5
	系统设计	10	23.8	64.3
	开发与测试	7	16.7	81.0
	系统实施	7	16.7	97.7
	系统运维	1	2.3	100.0

6.3.3　量表的信度分析

信度（Reliability）是指样本数据的可靠性或者稳定性程度，即使用同一测量工具对同一对象进行测量时，所能得到一致的数据或结论结果的可能性。一般来说，问卷可靠性不仅随着调查抽样误差、测量误差、偏差而变化，而且受到受访对象的主观性而发生变化，导致多次测量存在显著差异。因此，可以采用Cronbach's α 系数来检验各因素衡量问题间的内部一致性。Cronbach's α 系数越大，显示该因素内容各题项间的相关性越大，信度越高。量表或问卷信度系数，最好在 0.80 以上；分量表最好在 0.70 以上。若分量表的内部一致性系数在 0.60 以下或者总量表的信度系数在 0.80 以下，应考虑重新修订量表或增删题项。

根据将 355 份样本输入 SPSS13.0，通过信度分析计算，得到量表的总体Cronbach's α 为 0.898，说明数据样本信度较好，信度测量结果见表6-9。

表 6-9　量表的信度测量结果

测量维度	题项	均值	标准偏差	删除该题项信度值	Cronbach's α 值
团队工具方法	A1	3.41	1.081	0.848	0.857
	A2	3.52	1.151	0.836	
	A3	3.51	1.064	0.843	
	A4	3.48	1.023	0.839	
	A5	3.51	1.018	0.848	
	A6	3.58	1.103	0.840	
	A7	3.58	1.026	0.837	
	A8	3.53	1.029	0.845	
	A9	3.50	1.088	0.841	
团队外部社会资本	A10	3.41	1.047	0.874	0.886
	A11	3.44	1.062	0.872	
	A12	3.47	1.092	0.868	
	A13	3.33	1.087	0.870	
	A14	3.35	1.158	0.869	
	A15	3.59	1.033	0.885	
	A16	3.37	1.038	0.882	
	A17	3.41	1.172	0.865	
	A18	3.43	1.070	0.874	

测量维度	题项	均值	标准偏差	删除该题项信度值	Cronbach's α 值
团队制度支持	A19	3.63	1.070	0.844	0.865
	A20	3.59	1.058	0.846	
	A21	3.50	1.143	0.835	
	A22	3.53	1.131	0.842	
	A23	3.54	1.092	0.843	
	A24	3.63	1.098	0.848	
知识特征	A25	2.65	1.158	0.901	0.911
	A26	2.68	1.185	0.901	
	A27	2.68	1.178	0.896	
	A28	2.79	1.144	0.897	
	A29	2.71	1.124	0.901	
	A30	2.70	1.172	0.897	
	A31	2.76	1.136	0.898	
	A32	2.72	1.067	0.903	
双方知识情境相似性	A33	3.86	1.151	0.919	0.929
	A34	3.85	1.079	0.919	
	A35	3.95	1.151	0.922	
	A36	3.92	1.102	0.922	
	A37	3.89	1.106	0.918	
	A38	3.93	1.075	0.919	
	A39	3.89	1.142	0.918	
	A40	3.90	1.116	0.917	
客户创意知识获取	A41	4.08	1.098	0.871	0.887
	A42	3.96	1.104	0.871	
	A43	3.97	1.076	0.877	
	A44	3.95	1.075	0.874	
	A45	4.02	1.026	0.876	
	A46	3.98	1.073	0.871	
	A47	3.98	1.073	0.873	
	A48	3.99	1.021	0.884	
	A49	3.93	1.062	0.876	

6.3.4 量表的效度分析

本问卷题项一部分来自现有文献或根据文献推出，已被其他学者采用；另一部分是根据对复杂软件研发团队的负责人、相关领域学者的访谈，并对有关题项进行反复测试和修改，因此具有较好的内容效度。

结构效度使用因子分析法来检验。首先对样本数据作 KMO 和 Bartlett 球体检验，以验证样本数据是否适合作因子分析。在 SPSS13 中，使用最大方差旋转进行因子分析，得到 KMO 系数为 0.905，而 Bartlett 球体检验显著（卡方值为 8848.042，自由度 1176，显著概率为 0.000）。根据马庆国（2002）对因子分析判断标准，本数据适合进行因子分析。因此，采用主成分分析法，选择特征值大于 1 的因子，进行最大方差旋转，提取特征值大于 1 的因子共有 6 个，其解释方差达到了 57.179%。A1、A15、A47 因得分低于 0.6 而删除，其他题项因子载荷均大于 0.610，说明测量结果与理论模型基本吻合，结构效度较好。如表 6-10 所示。

表 6-10　最大方差正交旋转法提取公共因子

变量	因子	因子载荷					
		1	2	3	4	5	6
团队工具方法	A1					0.593	
	A2					0.723	
	A3					0.646	
	A4					0.691	
	A5					0.615	
	A6					0.684	
	A7					0.740	
	A8					0.627	
	A9					0.681	
团队外部社会资本	A10			0.708			
	A11			0.717			
	A12			0.733			
	A13			0.733			
	A14			0.706			
	A15			0.580			
	A16			0.610			
	A17			0.799			
	A18			0.696			

续表

因子 变量		因子载荷					
		1	2	3	4	5	6
团队制度 支持	A19						0.720
	A20						0.737
	A21						0.781
	A22						0.759
	A23						0.757
	A24						0.707
知识特征	A25		0.765				
	A26		0.768				
	A27		0.809				
	A28		0.809				
	A29		0.757				
	A30		0.792				
	A31		0.794				
	A32		0.739				
双方知识 情境相似性	A33	0.781					
	A34	0.790					
	A35	0.765					
	A36	0.765					
	A37	0.795					
	A38	0.776					
	A39	0.776					
	A40	0.834					
客户创意 知识获取	A41				0.719		
	A42				0.683		
	A43				0.659		
	A44				0.688		
	A45				0.734		
	A46				0.728		
	A47				0.571		
	A48				0.647		
	A49				0.719		

6.4 模型拟合度分析

6.4.1 初始结构方程模型拟合度分析

根据前述理论分析，结合效度分析删除 A1、A15、A47 变量，得到初始结构方程模型，包括 15 个潜变量，46 个观测变量，47 个误差变量，如图 6-4 所示。

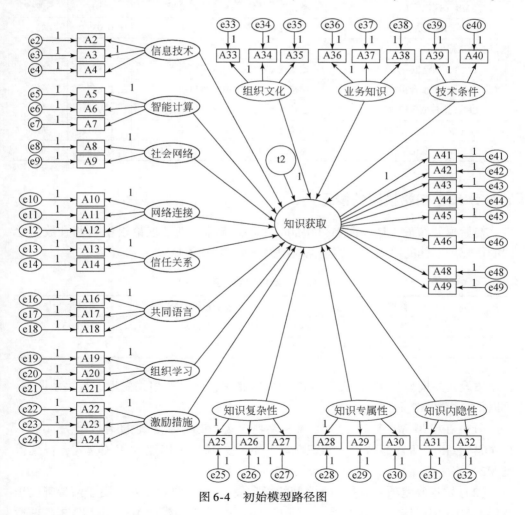

图 6-4 初始模型路径图

通过对调查数据进行拟合，可以计算出拟合度指标。可以看出，初始模型与数据拟合程度尚可以接受，其中近似误差平方根 RMR 值为 0. 107，超出可以接受的范围，需要对初始模型进行修正。初始模型拟合指标如表 6-11 所示。

表 6-11　初始模型拟合指标

拟合指标	判断准则（侯杰泰，2004）	本模型值	符合程度
绝对拟合度指标			
χ^2/df	越小越好，<3 可以接受	2. 94	好
GFI（比较拟合指标）	越接近 0 越好，>0.8 可以接受	0. 881	较好
RMR（残差平方根）	越接近 0 越好，<0.1 可以接受	0. 107	不理想
RMSEA	越接近 0 越好，<0.1 可以接受	0. 035	好
增值拟合指标			
AGFI（调整拟合度）	越接近 1 越好，>0.8 可以接受	0. 853	较好
NFI（标准拟合指数）	越接近 1 越好，>0.8 可以接受	0. 847	较好
CFI（比较拟合指数）	越接近 1 越好，>0.8 可以接受	0. 969	好
IFI（增量适合度指数）	越接近 1 越好，>0.8 可以接受	0. 961	好
TLI（非标准化拟合）	越接近 1 越好，>0.8 可以接受	0. 974	好

6. 4. 2　初始模型的修正

初始模型修正，是根据 Modification Index 指标，判断理论模型与调查数据之间的适配度不佳的原因。上述理论模型修正后的 MI 值见表 6-12。

表 6-12　初始模型的修正指数

修正关系			修正指数 MI	适配度变化
e 43	←----→	e 48	15. 604	−0. 153
e 11	←----→	e 10	14. 139	−0. 136

假设初始模型为 M1，从表 6-12 中可以看出，通过对相关变量进行关系调整，可以得到模型 M2 和 M3。

（1）在模型 M1 基础上，发现残差项 e 43 和 e 48 之间的指数最大（MI = 15. 604），由于两者都属于"知识获取"的残差项，可以变动相关模式，得到模型 M2。

（2）发现残差项 e11 和 e10 之间的指数最大（MI = 14. 139），由于两者都属于"社会资本–网络连接"残差项，可以变动相关模式得到模型 M3。模型 M3 各项适配度指标均较好，不需要修改。修正后初始模型路径图如图 6-5 所示。

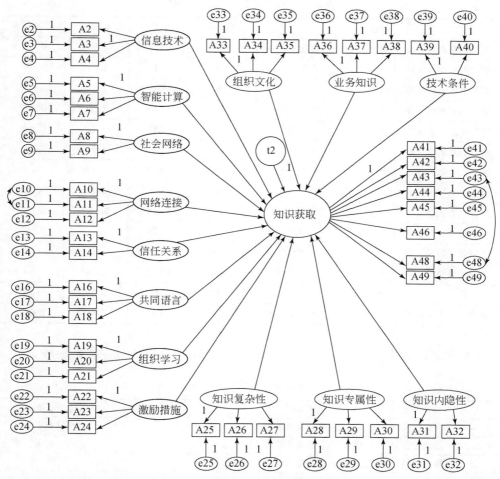

图 6-5　初始模型修正后的路径图

　　修正初始模型的各种适配度指标均在可接受的范围内，能够较为真实地说明不同概念间的内在逻辑关系。如表 6-13 所示。

表 6-13　修正模型的适配度指标

拟合指数	χ^2/df	GFI	RMR	RMSEA	CFI	IFI	TLI	AGFI	NFI
计算值	2.47	0.906	0.044	0.021	0.921	0.958	0.937	0.903	0.904

　　对原假设的验证情况可以从路径估计结果中观察到，如表 6-14 所示。

表 6-14 修正模型的适配度指标

原假设		路径	标准误	C. R.	P
客户创意知识获取	◄----- 信息技术	0.103	0.052	1.98	0.045
客户创意知识获取	◄----- 智能计算	0.091	0.043	2.11	0.031
客户创意知识获取	◄----- 社会网络	0.177	0.057	3.11	0.001
客户创意知识获取	◄----- 网络连接	0.216	0.086	2.51	0.007
客户创意知识获取	◄----- 关系信任	0.193	0.051	3.78	***
客户创意知识获取	◄----- 共同语言	0.184	0.037	4.97	***
客户创意知识获取	◄----- 组织学习	0.22	0.032	6.88	***
客户创意知识获取	◄----- 激励措施	0.19	0.066	2.88	0.003
客户创意知识获取	◄----- 知识复杂性	−0.114	0.044	−2.59	0.007
客户创意知识获取	◄----- 知识专属性	−0.108	0.039	−2.77	0.005
客户创意知识获取	◄----- 知识内隐性	−0.086	0.039	−2.23	0.026
客户创意知识获取	◄----- 文化维度相似	0.192	0.051	3.76	***
客户创意知识获取	◄----- 业务维度相似	0.219	0.057	3.84	***
客户创意知识获取	◄----- 技术维度相似	0.125	0.052	2.40	0.014

根据路径估计的结果，前述所建立的 12 条原假设得到支持，见表 6-15。

表 6-15 假设检验结果

原假设	检验结果
H1-1：信息技术与客户创意知识获取具有显著的正向影响	支持（微弱）
H1-2：智能计算与客户创意知识获取具有显著的正向影响	支持（微弱）
H1-3：社会网络与客户创意知识获取具有显著的正向影响	支持
H2-1：网络连接对客户创意知识获取具有显著的正向影响	支持
H2-2：关系信任对客户创意知识获取具有显著的正向影响	支持
H2-3：共同语言对客户创意知识获取具有显著的正向影响	支持
H3-1：组织学习对客户创意知识获取具有显著的正向影响	支持
H3-2：激励措施对客户创意知识获取具有显著的正向影响	支持
H4-1：知识复杂性对客户创意知识获取具有显著的负向影响	支持
H4-2：知识专属性对客户创意知识获取具有显著的负向影响	支持
H4-3：知识内隐性对客户创意知识获取具有显著的负向影响	支持
H5-1：文化知识情境相似性对客户创意知识获取具有显著的正向影响	支持
H5-2：业务知识情境相似性对客户创意知识获取具有显著的正向影响	支持
H5-3：技术知识情境相似性对客户创意知识获取具有显著的正向影响	支持

6.5　知识情境相似性的中介作用分析

6.5.1　研发团队层面因素对客户创意知识获取的关系

根据前面的理论分析，形成基于二阶构念的结构方程模型，模型涉及 16 个潜变量，38 个观测变量，50 个误差变量。

（1）在模型（M3）基础上，发现潜变量"团队外部社会资本"与"团队制度支持"之间的修正指数最大（MI=32.803），由于团队"组织学习"和"沟通交流"将会影响团队外部社会资本，因此释放此参数得到模型 M4，如表 6-16 所示。

表 6-16　团队层面因素对客户创意知识获取的回归关系检验

修正关系			MI	适配度变化
团队外部社会资本	◄----►	团队制度支持	32.803	0.224
eb7	◄----►	eb8	14.163	0.120
团队工具方法	◄----►	团队外部社会资本	14.239	0.120
团队工具方法	◄----►	团队制度支持	11.294	0.115

（2）在模型 M4 基础上，发现残差项 eb7 和 eb8 之间的指数最大（MI=14.163），由于两者都属于"制度支持"残差项，因此释放这两个参数得到模型 M5。

（3）发现潜变量"团队工具方法"与"团队外部社会资本"之间的修正指数最大（MI=14.239），其次潜变量"团队工具方法"与"团队制度支持"之间的修正指数最大（MI=11.294）。由于复杂软件研发团队积极采用信息技术，将会对团队外部社会资本和能力水平产生重要影响，得到模型 M6。修正后的二阶构念的结构方程模型的标准路径系数，如图 6-6 所示。

在增加团队层面要素并对模型进行修正后，各种适配度指标尚可接受，能够较为真实地说明不同概念间的内在逻辑关系。如表 6-17 所示。

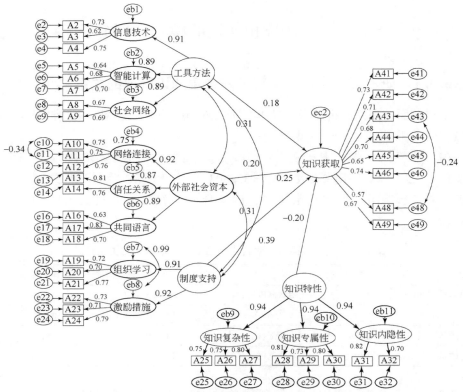

图 6-6　修正后团队层面因素对客户创意知识获取的标准路径图

表 6-17　修正模型的适配度指标

拟合指数	χ^2/df	GFI	RMR	RMSEA	CFI	IFI	TLI	AGFI	NFI
计算值	1.432	0.873	0.061	0.035	0.946	0.947	0.943	0.858	0.842

具体回归结果如表 6-18 所示。

表 6-18　团队层面因素对客户创意知识获取的回归检验结果

原假设			估计	标准误	C. R.	P
客户创意知识获取	◄-----	团队工具方法	0.18	0.063	2.851	0.004
客户创意知识获取	◄-----	团队外部社会资本	0.195	0.063	3.104	0.002
客户创意知识获取	◄-----	团队制度支持	0.284	0.068	4.21	***
客户创意知识获取	◄-----	团队知识特征	-0.172	0.047	-3.682	***

根据路径估计的结果，另外 4 条原假设得到支持，如表 6-19 所示。

表6-19 团队层面因素对客户创意知识获取的假设检验结果

原假设	检验结果
H1：团队使用的工具方法与客户创意知识获取具有显著的正向影响	支持
H2：团队外部社会资本对客户创意知识获取具有显著的正向影响	支持
H3：团队制度支持对客户创意知识获取具有显著的正向影响	支持
H4：团队所需知识的特征与客户创意知识获取具有显著的负向影响	支持

6.5.2 知识情境相似性的中介作用分析

如果自变量 X 对因变量 Y 的影响通过变量 M 来实现，则称 M 为中介变量。结构方程中介变量能产生完全中介效应和部分中介效应。如果回归系数存在不显著

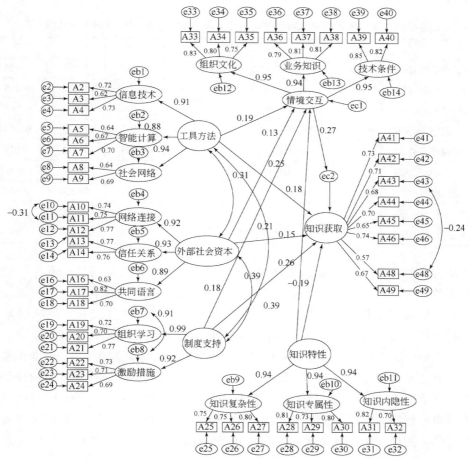

图6-7 知识情境相似性对团队层面因素与客户创意知识获取的中介作用

的情况，则需要进行 Sobel 检验，验证中介效应。中介变量"知识情境相似性"对各二阶因子中介作用的标准路径系数，如图6-7 所示。

带有中介变量的全模型拟合适配度指标可接受的范围内，能够较为真实地说明不同概念间的内在逻辑关系。如表6-20 所示。

表 6-20　带有中介变量的全模型拟合指数

拟合指数	χ^2/df	GFI	RMR	RMSEA	CFI	IFI	TLI	AGFI	NFI
计算值	1.422	0.860	0.059	0.035	0.946	0.947	0.943	0.844	0.841

知识情境相似性对相关影响因素与客户创意知识获取的中介作用检验，如表6-21 所示。

表 6-21　知识情境相似性对相关影响因素与客户创意知识获取的中介作用

原假设			估计	标准误	C. R.	P
知识情境相似性	◄-----	团队工具方法	0.255	0.087	2.941	0.003
客户创意知识获取	◄-----	团队工具方法	0.129	0.061	2.112	0.035
知识情境相似性	◄-----	团队外部社会资本	0.263	0.086	3.052	0.002
客户创意知识获取	◄-----	团队外部社会资本	0.148	0.061	2.426	0.015
知识情境相似性	◄-----	团队制度支持	0.221	0.088	2.512	0.012
客户创意知识获取	◄-----	团队制度支持	0.239	0.065	3.68	***
知识情境相似性	◄-----	团队知识特征	−0.056	0.062	−0.900	0.368
客户创意知识获取	◄-----	团队知识特征	−0.16	0.045	−3.562	***
客户创意知识获取	◄-----	知识情境相似性	0.201	0.046	4.371	***

从表6-21 可以看出，团队工具方法与知识情境相似性之间的估计值为 0.225，标准误差为 0.087，P 值显著，说明各种工具方法能对知识情境相似性产生显著影响；知识情境相似性与客户创意知识获取之间的估计值为 0.201，标准误差为 0.046，P 值显著，说明知识情境相似性对客户创意知识获取起到了显著影响。同时，考虑到团队工具方法与客户创意知识获取之间的估计值为 0.129，标准误差为 0.061，P 值不是很显著，说明工具方法对直接获取客户创意知识的能力是有限的，更多的是依赖于知识情境间接推动工具方法获取客户创意知识。从团队工具方法、知识情境相似性、客户创意知识获取三者的相互影响关系，可以看出知识情境相似性在团队工具方法和客户创意知识获取之间起到了部分中介作用，但中介效应较强。

团队外部社会资本与知识情境相似性之间的估计值为 0.263，标准误差为

0.086，P 值显著，说明采用团队外部社会资本对知识情境相似性产生显著影响。由于知识情境相似性对客户创意知识获取起显著影响，同时团队外部社会资本与客户创意知识获取之间的估计值为 0.148，标准误差为 0.061，P 值显著，说明社会资本不仅有利于直接获取客户创意知识，而且还可以积极地通过于知识情境相似性间接获取客户创意知识。可以看出知识情境相似性在团队外部社会资本和客户创意知识获取之间起到了部分中介作用。同理，知识情境相似性在团队制度支持和客户创意知识获取之间起到了部分中介作用。

团队知识特征与知识情境相似性之间的估计值为 -0.056，标准误差为 0.062，P 值极其不显著，知识情境相似性与客户创意知识获取之间的估计值为 0.201，标准误差为 0.046，P 值显著。因此，需要进行中介变量系数分析。第一步，将自变量（知识特征 X）、中介变量（知识情境相似性 M）、因变量（客户创意知识获取 Y）各自对应数据项求和后，减去各自平均值得到中心化数据；第二步，检验方程 $y = cx + e1$ 中的 c 是否显著，结果方程 $Y = -0.166X + 0.045$，c 的 t 值 = -3.683，sig = 0.00，c 显著；第三步，检验方程，结果方程 $M = -0.070X + 0.053$，a 的 t 值为 -1.322，sig = 0.187，a 不显著；检验方程 $Y = c1X + bM + e3$，结果中介方程为 $Y = -0.143X + 0.334M + 0.042$，$b$ 的 t 值 8.039，c 的 t 值 -3.427，sig = 0.000。按照检验程序，在检验系数 c 显著的情况下，若 a，b 至少一个不显著，需要做 Sobel 检验 $z = ab/sab$，经过计算得到 $z = | -1.3029 | > 0.97$，其中 0.97 为临界值（温忠麟，2004）。因此知识情境相似性对团队知识特征和客户创意知识获取关系起到部分中介作用。

根据上述结果，原假设 H6-H9 得到支持，具体如表 6-22 所示。

表 6-22　带有中介变量的假设检验结果

原假设	检验结果
H6：知识情境相似性在团队工具方法和客户创意知识获取间起中介作用	支持（部分中介）
H7：知识情境相似性在团队外部社会资本和客户创意知识获取间起中介作用	支持（部分中介）
H8：知识情境相似性在团队制度支持和客户创意知识获取间起中介作用	支持（部分中介）
H9：知识情境相似性在团队知识特征和客户创意知识获取间起中介作用	支持（部分中介）

6.6　结 果 讨 论

6.6.1　团队工具方法的影响分析

研究结果表明，团队工具方法的三个维度均得到了实证数据的支持，与研究假设 H1 相一致，复杂软件系统研发团队采用工具方法，将对客户创意知识获取产生显著正向影响。但是，其中信息技术维度、智能计算维度对客户创意知识获取的直接效果很微弱，这与其他学者的研究结论基本保持一致。团队工具方法更多的是通过研发团队和客户双方的知识情境相似性，对客户创意知识获取产生间接影响。信息技术维度的第一个观察变量在效度分析中被去掉，原因是观察变量"视频技术"在内容效度上与观察变量"多媒体技术"有重复。

研究发现，在复杂软件系统研发过程中，研发团队必须根据知识特征，选择适当的客户创意知识获取方法。为了获取显性特征的客户创意知识，可通过建立和完善知识库系统，系统地将客户拥有的管理流程知识、专有领域的业务知识进行存储，完整记录客户反馈意见并使用数据挖掘技术分析归纳。为了获取隐性特征的客户创意知识，如客户操作行为特征、感受和直觉、客户创意等知识，研发团队可使用多媒体、虚拟原型、创意支持系统等具体获取工具方法，通过研发团队与客户之间知识情境交互来实现。实证数据可以看出，社会网络对客户创意知识获取的影响作用最为显著。因此，将信息技术与传统社会网络相结合，组合成现代社会网络方法，能更大程度地提升获取质量和深度。

6.6.2 团队外部社会资本的影响分析

研究结果表明，团队外部社会资本的网络连接、关系信任、共同语言三个维度，得到了实证数据的支持，与研究假设 H2 相一致，说明复杂软件系统研发团队的社会资本将对客户创意知识获取产生显著正向影响。其中，在关系信任维度中，观察变量"客户愿意与我们分享相关业务与技术知识"在效度分析过程中去掉。原因可能是该题项反映了双方的共享意愿而非信任关系，其内容效度不足。

从实证过程可以看出，在网络连接维度，要需要对不同类型的重要客户开展动态管理，积极地进行正式、非正式的交流和沟通，增加客户社群网络的连接质量；另外，复杂软件系统研发团队并非与所有客户发生密切接触，这主要考虑到时间和财务的成本代价。因此，在获取客户创意知识获取中，需要甄别和确认重要客户，并且做好激励和管理工作。研发团队需要与企业市场团队紧密合作，共享销售管理部门的基础数据，建立区域性客户社群的网络结构，降低外部社会资本的维护成本。在关系信任维度，研发团队需要建立严格的客户利益保障机制，形成与客户共同成长的研发战略理念，长期地与重要客户保持联系，巩固双方利益纽带，减少客户可能产生的不安全感；在共同语言维度，需要研发团队加大专业领域知识的培训力度，丰富团队成员的专业知识背景和学科结构，尽量缩小与客户的沟通障碍。

6.6.3 团队制度支持的影响分析

研究结果表明，团队制度支持的组织学习、激励措施两个维度，得到了实证数据的支持，与研究假设 H3 相一致，说明复杂软件系统研发团队的制度支持对客户创意知识获取产生显著正向影响。

从实证过程可以看出，复杂软件系统团队成员的组织学习因素对客户创意知识获取具有较强的直接作用，而不是过分依赖知识情境的间接效果，原因有两个：一是，研发团队在获取客户创意知识后，往往采用各种工具方法将知识在研发团队内部共享，系统化表述如客户管理流程与控制知识、专有领域知识，深入地开展对比、反思和纠错，扩充了研发团队成员的知识背景，减少与客户之间的知识势差，能够更方便地获取客户创意知识。二是，组织学习涉及的知识情境，并非研发团队与客户交互知识情境，两者有一定差异。因此，在面对客户行为偏好知识、感性知识、组织文化等知识时，知识情境相似性作为组织学习和客户创意知识获取纽带的作用较低。因此，研发团队要注意在知识获取的同时，尽量记录当时的客户创意知识情境，有助于综合获取不同种类的客户创意知识。

另外，实证数据表明，激励措施制定有利于客户创意知识获取。这是因为研发团队需要制定各种激励措施和政策，包括对内部成员的创意激励、沟通激励，以及外部客户知识贡献激励，其根本目的是不断地调动团队成员和客户的积极性，最终促成外部客户能够最大程度地提供优质的客户创意知识。

6.6.4 团队知识特征的影响分析

研究结果表明，知识特性的复杂性、专属性、内隐性三个维度，得到了实证数据的支持，与研究假设 H4 相一致，说明复杂软件系统研发团队所需知识的特性对客户创意知识获取产生显著负向影响。

研发团队要想大量获取高质量、多样性的客户创意知识，只有深入细致地了解客户创意知识特征后，才能找到降低知识获取难度的方法。从知识复杂性维度出发，研发团队需要长期深入到客户现场，与客户一起工作找到问题本质原因，并采用专业工具进行业务建模和论证，从而获取复杂的管理流程和控制知识；从知识专属性维度出发，要求研发团队不断加强对专有领域知识的培训，完善团队成员的学科结构，同时认真梳理专有领域知识的发生背景和环境全貌，通过对环境的模仿来克服知识专属性所产生的知识获取路径依赖；从知识内隐性维度出发，加强与客户沟通频度，建立双方彼此的信赖，与客户结成"师徒"对子，促进客户难以表达的需求知识、组织文化知识、感性知识的顺利获取。

6.6.5 双方知识情境相似性的影响分析

6.6.5.1 双方知识情境相似性的影响因素分析

研究结果表明，团队工具方法、团队外部社会资本、团队制度支持对知识情境相似性起到了显著的正向影响。

知识情境相似性反映的是研发团队与客户在组织文化、业务知识、技术条件方面所刻画的相似程度，其影响对应于人理、物理、事理三个层面。团队外部社会资本是人理因素，包括研发团队与客户之间关系连接、信任程度、共同语言，对知识情境相似性产生显著影响。客户具有不同的年龄、学历、工作经历，拥有不同的专有领域知识，所处企业的组织文化背景也不相同，因此每个客户知识情境截然不同。加强团队外部社会资本，有利于双方形成长期的、可信赖的关系，并且逐步具有共同的价值观和信念，让双方的整体知识情境相似度得到提升。团队工具方法是物理因素，包括研发团队的信息技术、智能计算、社会网络等方法，对知识情境相似性同样影响显著。团队工具方法本质作用是强化双方的沟通效果，但同时也可以协助收集双方知识情境参数，快速建立知识情境的仿真系统，引入原型体验功能，支持客户协同创意过程，甚至支持交互知识情境学习的智能化过程。团队制度支持是事理因素，包括组织学习和激励制度，即从已有客户创意知识中学习，同时对客户创意知识产生过程进行激励。团队制度支持通过不间断地组织学习积累了经验曲线，通过系统性地激励手段提升动机水平，进而反复修正情境参数，最后使研发团队和客户共同进入一种全新的知识情境范式。

6.6.5.2 双方知识情境相似性的中介作用分析

研究结果表明，知识情境相似性对客户创意知识获取具有显著的正向影响，并且在团队工具方法、团队外部社会资本、团队制度支持、团队知识特征与客户创意知识获取之间，起到了部分中介作用。

从实证过程看出，由于客户创意知识具有复杂性、专属性和内隐性特征，团队工具方法、团队外部社会资本、团队制度支持、团队知识特征对客户创意知识均达不到完全直接效果，知识情境相似性的桥梁作用很明显。借助知识情境相似性，软件系统创意知识需求必须与客户创意知识提供相互匹配，并充分反映在组织文化、业务过程、技术条件三个不同子维度上。实证数据反映出，知识情境相似性越高，软件系统创意知识需求必须与客户创意知识提供相互匹配程度越高，就越容易更多获取高质量的客户创意知识。

因此，在复杂软件系统创意知识获取中，研发团队需要重视知识情境的构建和管理。根据初始知识情境模型，研发团队利用团队工具方法使能化为原型体验系统；也可以针对不同类型客户实际知识情境，无法充分考虑所有情况，只有充分利用团队的外部社会资本优势，通过客户社群将重要客户带进来，并在知识情境交互过程中反复学习，快速修正情境参数；还可以从交互知识情境中进行组织学习，提升对知识情境的理解深度和敏感性，共同建设和维护好知识情境。

6.7 本章小结

本章主要针对复杂软件系统研发过程中客户创意知识的获取影响因素进行了实证研究。对团队工具方法、团队外部社会资本、团队制度支持、团队知识特征、双方知识情境相似性、客户创意知识获取六个因素的关系，提出了研究假设，结合现有文献建立了相关量表，并调研了从事大型复杂软件系统研发工作的 42 个团队，收集了有效的问卷数据。利用 SPSS13.0，对数据进行了信度分析和效度分析，并使用 AMOS17.0 软件对所建立的结构方程模型进行了识别、参数估计和评价，计算出各种适配度指标。

实证研究表明：信息技术、智能计算、社会网络、社会网络连接、关系信任、共同语言、组织学习、激励措施对客户创意知识获取起到了正向影响作用；知识复杂性、知识专属性、知识内隐性对客户创意知识获取起到了负向影响作用；知识情境相似性在二阶验证因子，即团队工具方法、团队外部社会资本、团队制度支持、团队知识特征与客户创意知识获取起到部分中介作用。

7 客户创意知识获取的应用案例

通过对复杂软件系统研发团队的实际调查，提炼出两个案例，采用案例分析法，展现客户创意知识获取的具体实践情况，并详细分析复杂软件系统研发过程中客户创意知识获取的过程、场景和事实，对客户创意知识获取的理论和方法加以印证。

7.1 案例形成过程

案例来自实地调研，分别选择项目型、产品型复杂软件系统研发企业作为研究样本：Z公司研发团队承担某省金土工程系统开发，Y公司研发团队自主研发集团管控 ERP 系统。这两个研发团队研发的系统符合复杂软件系统基本定义。

在资料收集和整理方面，根据其他学者的研究成果拟定访谈提纲，采用开放式和半结构化的访谈方法，在取得对方同意的前提下，对采访进行录音。此外，围绕所研究案例，通过访问企业网站、收集企业内部会议记录、验收报告、研发文档、管理文件等，结合现场访谈材料进行资料整理，并经企业管理层审阅后，对其中涉及企业商业秘密内容加以剔除，成为案例的主要内容。

对客户创意知识获取模型进行案例分析，分别通过静态和动态开展。研究中从研发战略、市场趋势、技术优势等层面切入，选取了企业研发团队的项目经理/产品经理、需求经理、资深系统分析师、系统设计师、程序员、测试员、营销和服务部门负责人、普通客户、重要客户作为访谈对象，以明确研发团队在复杂软件系统研发中客户创意知识的获取内容和类型、过程、方法、组织内外部的激励措施等情况，验证前述模型和理论框架的正确与合理性。

为了研究的规范性和针对性，访谈过程要求访谈对象回答"为什么要研发该复杂软件系统?"，以及"您认为软件系统创意包含哪些内容，分为几个阶段?""在软件创意期间需要哪些知识，都来自于哪里?"等问题，以确定案例研究小组对所调查的复杂软件系统创意知识理解的正确性。上述访谈调查，累计83次，形成12万字访谈记录。其中走访Z公司29人，另外有领先客户5人；Y公司41人，另外有领先客户8人。对两个企业的内部研发团队访谈，跨越不同分布地区、业务部门、职务岗位，最后对数据进行适当保密处理，但较为真实地反映了客户创意知识获取的过程。

7.2 客户创意知识获取的应用案例

7.2.1 案例1：某省金土工程系统

7.2.1.1 案例项目背景

Z公司以电子政务系统为核心业务，涉足国土资源监控与审批、应急救灾减灾系统、跨界水资源污染灾害预警系统、环境污染源分析与预测系统等业务。经过多年的发展，Z公司已经拥有多项自主知识产品的技术和产品，形成了电子政务在各部门领域（国土、政协、环境、救灾、新闻等）的系统研发设计，以及应用和实施能力。

国土资源监管和审批工作上需要较高信息化建设水平，但某省现有状况尚不能满足要求，主要体现在：一部分监管与审批信息使用纸介质传递，数字化程度低，影响了信息的可靠性与实时性；监管与审批工作由市、县（区）国土资源报送至省厅办公地点，空间地理上因素造成上报周期过长，而且花费大量的人力、财力。根据国家金土工程框架，以《金土工程总体方案》为蓝本，该省围绕农用地转用与土地征收审批管理、矿业权审批管理、建设用地预审管理等国土资源业务需求，建立省级金土工程系统平台，并把国土资源行政管理业务和现代化窗口办文制度有机结合起来，建立省国土资源政务大厅业务管理系统，实现垂直办理省、市、县业务的省级国土资源政务大厅业务受理系统，最终实现部、省、市（地）、县（区）四级农用地转用与土地征收审批、矿业权审批、建设用地预审业务的网上申报与实施备案，为全省国土资源业务审批提供高效、安全的信息化保障。

整个项目分为三个子系统：省国土资源审批系统、省国土资源政务大厅业务管理系统、省国土资源监管系统。目前建有内网、外网、涉密网，3套网络完全物理隔离，厅内网与省政府政务外网相连，厅外网与互联网联通，厅涉密网与省政府政务内网连接（该网络目前仅在厅办公室设有终端设备，接收省政府涉密件）。另外，厅与部的视频会议系统通过联通专线连接。依托省政务外网，省厅与全省13个市地、农垦系统国土资源局的网络已经联通，视频会议、公文传输系统已经正式运行。在数据中心建设方面，现有省厅数据中心部署了3台服务器及系统软件，13 个市地级数据分中心分别部署了至少 1 台服务器和数据库软件。在省国土资源厅、9 个设区市、84 个县（市、区）国土资源部门实现网上用地报件审查系统，并逐步达到用地报件审查的无纸化。建立了工作流定制平台，具备严格安全控制、监控、查询、统计、打印、归档、内部邮件、消息等功能，实现与身份认证系统、电子印章系统无缝衔接。在平台基础上，开发定制用地报件审查系统应用软件，最终实现 3S 电子数据会审。

整个项目投资数千万元，从项目投资、需求调研、系统分析、设计、开发、测试，到最终交付结束，历时 3 年时间。

7.2.1.2　案例项目的客户创意知识分析与重要客户识别

由于金土工程系统是某省政府专属的一种业务系统，鉴于安全性和保密性的原则，要求系统必须符合国家土地资源管理部门的相关法律法规，其中审批和监察任务需要很强专业知识支持。另外，该省金土工程系统向上与国家金土工程衔接，向下与 9 个设区市、84 个县的金土工程系统衔接，地域覆盖面广，功能复杂，涉及业务人员层次、类型、数量众多，整个系统是一种典型的复杂软件系统。由于这些严格的系统研发要求，Z 公司不能直接应用市场上现有类似系统模式，必须花费大量的时间和精力，根据客户复杂业务特点有针对性地进行系统创意，自主搭建省级金土工程系统架构，实现省级国土资源管理过程中的功能需要，同时保持较强的扩展性和适应性。

在项目初期，首先要提出该系统的初始创意（解决）方案，使研发团队和客户双方达成合同意向。Z 公司的初始创意（解决）方案的核心内容是"插件平台"概念。基于计算机"主板+扩展槽"的思想，Z 公司将运行平台视作"公用的主板"，将建模工具构建的业务插件视作"扩展槽"，通过"插件平台"灵活自由地扩展业务系统，解决了需求与适应的难题。基于这种模式，信息系统的各个组成部分，小到业务流程、表单表格、功能环节、查询统计等，大到业务系统和业务模块，都可以被设计能够任意创建和拆卸、替换和组装的独立插件，在主板上稳定的运行。

支持初始创意（解决）方案的知识，一部分来源于其他省份已有金土工程系统的思路，另一部分来源于研发团队以往项目经验、研发知识和技能，并在项目负责人与全体成员共同探讨中出现。初始创意（解决）方案将影响系统其他创意的产生。Z 公司非常重视金土工程系统的软件创新性，不是将国土资源管理的实际业务工作简单地转移复制到信息网络技术环境下，而是在国家政策法规指导下，充分地理解和改造原有业务处理流程和模式后，突出电子政务大厅业务流转的新特征，提出功能简洁化、操作人性化的软件创意原则，提出了服务引擎、业务建模、GIS 图形辅助、词库调用等各种功能创意，以及动态桌面、图形提醒等一系列行为创意。在公司研发团队的方案讨论会议上，这种理念以隐喻形式传递到每一个参加金土工程系统研发的团队成员身上。

Z 公司的项目负责人在提出了基于平台插件开发的初始创意方案后，研发团队就围绕这种基本理念，开始从平台创意到功能创意，再到操作创意的层层分解和落实。研发团队由调研组、开发组、测试组和实施组具体构成。调研组由包括需求经理、系统分析员、架构师、测试员的 10 人小组构成，主要任务是对创意初始方案的指标细化及需求调研，将平台创意落实到功能层面，衍生出数量众多的功能创意。开发组由构架师、程序员构成，通常情况下保持在 40 人左右，按照调研组划分的功能模块，再次分为若干个小组，每个小组仅负责特定功能实现和创意验证。开发组需要根据客户的行为偏好和满意度，及时调整功能创意的外在表现形式。测试组通过功能测试和联机测试，验证功能模块是否很好地符合需求规格书的限制，测试组成员需要协助项目负责人、需求工程师、程序员共同验证各层次创意的达成情况。实施组则结合现场实际运行情况，验证系统创意的成效。

在这种复杂创意环境下，支持这些创意的知识也具有多样性、多层次性。关于支持系统功能创意的知识，来源于研发团队对客户需求的深入分析，亲自参与客户实际业务过程，了解客户具体工作环境特征、硬软件条件和文化背景、客户多年积累的复杂业务知识，与客户反复探讨他们自身需要但难以表达的功能需求；关于支持系统行为和操作创意的知识，支持观察客户日常工作习惯、工作模式和诀窍。此外，还可以邀请客户主动参与到设计方案的评估和编写，采用多视角、大量地获取客户创意知识。

省金土工程系统的客户创意知识来源和路径，与省国土资源厅的正式组织结构关系密切。在业务统辖关系上，省国土资源厅管辖各市级国土资源局，市级国土资源局管辖所属各县的国土资源局。各国土资源管理部门均设立信息中心，负责信息化建设。作为严格的政府组织机构，不同层级的信息中心具体自上而下的业务指导和自下而上的信息呈报特征。研发团队进行客户需求调研，由该层的信息中心接待并与相对应业务部门接洽，获取来自具体处室、科室部门的业务知识、想法创意、功能需求等；各层业务处室、科室提出的新想法、新需求，则必须提交至该层信息中心，由信息中心汇总整理后发送给研发团队；若低阶信息中心需要向研发团队呈报新的客户创意知识，则必须经过层层申请、审批上报，最后汇总到省级信息中心转送研发团队。因此，在省金土工程中，客户创意知识源形成了一种特定的网络，一部分是研发团队调研时获取的业务部门的一手知识；另一部分是由省信息中心最后呈报的客户反馈的创意知识。这种网络的最大特点是与正式组织网络相互重合，反映了政府部门对信息系统安全性、可靠性的一贯重视。

在省金土工程系统，各层信息中心成为重要客户，如图7-1所示。

其一，信息中心作为一种特殊客户，本身拥有大量有价值的客户创意知识。信息中心负责整个国土资源部门的信息化建设，长期以来积累了大量的建设经验和技能，不仅熟悉各个处室、科室的业务逻辑，而且对国土部门现阶段的软件、硬件环境非常清楚，对政策性的环境约束和限制也很了解。这些经验和知识，组成了复杂软件系统研发中知识情境交互过程的关键内容。

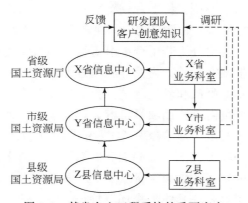

图7-1　某省金土工程系统的重要客户

其二，信息中心在客户创意知识网络中具有较高的中心度，并且随层级提升而不断提高。省级信息中心贡献的客户创意知识，既有来自于本层业务部门主动反馈的客户创意知识，也有广泛累积多地域下层信息中心所呈报的客户创意知识，成为了整个网络中一个重要枢纽。

其三，由于比业务客户更加了解信息化技术，信息中心能提供更多有价值的创意知识。而且，信息中心的技术骨干，甚至可以协助研发团队生成设计方案，或者对业务部门的客户创意知识进行判断和筛选。如该省国土资源厅信息中心，有硬件、软件、网络、设备等6个科室30余人，具有扎实的业务基础和技术能力，为研发团队提供的客户创意知识，无论是交流质量还是交流次数上，都是业务部门所不能比拟的。

7.2.1.3　案例项目中的客户创意知识获取模式与方法

Z公司在省金土工程系统研发过程中，充分注意到客户知识情境在文化、业务、技术等3个不同维度，并将双方知识情境交互的基本原理，运用到客户创意知识获取过程中。

在该项目启动初期，Z公司在省国土资源厅业务部门调研时发现，研发团队所提出的软件创意与客户知识情境有很大距离。为了克服这种知识情境障碍，Z公司采取了很多措施，如聘请国土资源厅的业务骨干为研发团队全体成员讲解土地管理业务知识和政策法规、深入现场观察业务处理人员工作环境、感受业务人员的工作压力和困惑、跟随办事人员体验审批业务的工作流程、听取客户单位每周的业务例会，甚至协助信息中心人员维修有问题的硬件和软件系统。

经过3个月与客户沟通后，研发团队基本上清楚地认识到了金土工程系统客户知识情境的三个维度特征。Z公司从前承接的大部分是企业信息系统建设项目，而金土工程系统是一个政府项目，两者知识情境迥异。在文化维度上，政府是一种层级制管理体系，追求规范、严谨、安全、可靠，法律规范和制度支持处于核心位置，与研发团队在以往项目上不加约束地创新显得格格不入；在技术维度上，各级政府部门都拥有信息中心，并且其硬件和软件水平较高，并且具有较强的技术方案判断和选择能力；在业务维度上，政府部门的业务流程相对清晰，但业务类型庞杂，例外事项层出不穷，并且多级审批关系复杂。

在认识和建立了知识情境的三个维度划分后，研发团队逐步发现"知识情境嵌套"现象。"知识情境嵌套"现象是一种多阶段的知识情境转移模式，其特征是不同研发阶段的知识情境相互嵌套关系而非并行关系。如知识情境Ⅰ包含知识情境Ⅱ，知识情境Ⅱ包含知识情境Ⅲ，需要层层深入，才能不断获取越来越完整的客户知识情境。外层知识情境向内层知识情境的过渡标志，是外层的客户知识情境与研发知识情境达到了一致认识，即知识情境匹配。为了达到知识情境匹配，研发团队需要与客户之间进行大量的、反复的走访调研、原型反馈或者在线体验，确认客户创意知识的类型和内容，从而有效地获取该层特定类型的客户创意知识。如图7-2所示。

不同创意阶段的"知识情境嵌套"现象，使研发团队认识到了客户知识情境的深度问题。同样，不同地理分布造成的"知识情境偏移"，造成了客户知识情境的广度问题。"知识情境偏移"又具体分为"知识情境横向震荡"和"知识情境纵向干扰"两种类型。作为金土工程的发起单位，省国土资源厅在硬软件配置、人员素质、业务能力方面具有相当的优势，并且省金土工程系统仅省厅一个客户，研发团队知识情境就是省厅客户的知识情境。然而，市级、县级金土工程系统则对应9个市、84个县，由于人员素质、文化氛围、信息化建设水平的差异，所有市县的客户知识情境均处在维度空间的不同位置中。Z公司的项目经理就曾抱怨："个别市县的业务能力有待提高，明明在省厅很明确的流程，到了市县可能变得复

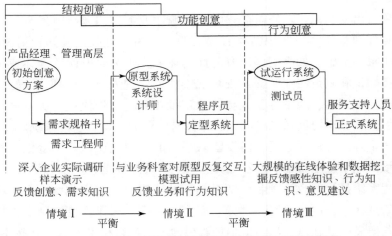

图 7-2 省金土工程系统创意阶段的客户知识情境转移

杂。"结果，在市县项目的具体实施中，研发团队知识情境需要在各市县客户知识情境之间取得一种多层次的动态平衡，如图 7-3 所示。

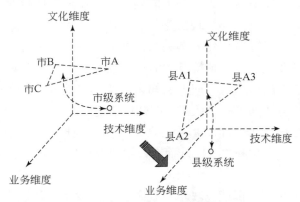

图 7-3 不同创意阶段的"知识情境偏移"现象

在市级层面上，A、B、C 三个城市项目处于不同知识情境，市级金土工程系统的研发团队知识情境首先在三者间取得知识情境匹配。然而，在情境匹配过程中，每个城市项目的客户知识情境进一步发展变化，导致研发知识情境的进一步转移。Z 公司从 2010 年开始实施全省市级金土工程，直到 2011 年 3 月，才形成稳定知识情境，需要充分获取不同城市国土资源局的客户创意知识。

另一个层次体现在知识情境纵向干扰。由于市级国土资源局对县级国土资源局在业务上的指导和行政隶属关系，其知识情境变换会通过知识情境空间的各维度，特别是业务维度传导给县级金土工程系统。因此，Z公司在实施金土工程时，先从省厅系统开始，然后扩展到市局系统，最后部署县局系统。研发团队的自上而下的实施策略，正式考虑到客户"知识情境纵向干扰"因素，将项目的风险和不确定性降至最低。

在客户创意知识获取方法上，Z公司综合使用多种方法，取得很好的效果。

其一，Z公司研发团队采用了基于内部网络的在线虚拟体验法，通过有计划地开放不同功能，控制省、市、县级客户访问规模和内容，通过网站上的客户留言板功能收集客户提出有变动的业务知识、改进建议、故障反馈等客户创意知识。设置了对功能模块的评价给分机制，收集客户对功能模块的满意度，对满意度较低的模块考虑返回原型调研，重新设计和开发。一位县级国土资源局业务人员说："在专网内（在线体验）试用即将上线的功能，本身是一种相互学习的过程。我们通过网络了解到新系统的各种功能和操作，同时也评判这些功能操作是不是完全满足我们的需要。我们可以对一些功能提出更多的改进建议，以适应实际工作环境。"

其二，在线体验法可以与数据挖掘方法结合，大规模地收集客户交互速度、远程感知、技能掌握、情感反映等行为知识，对行为创意进行分析和验证。在对省金土工程系统客户访问数据进行数据挖掘分析后，研发团队发现了一些数据中潜藏的知识。如在两个前后衔接的审批环节之间，业务人员的总审批时间总是超出标准规定的30%～120%。通过数据对比分析发现，业务人员的上一步全部作业累计处理时间，是下一步首次作业开始标准时间比值的1～2倍。通过这些知识，激发了研发团队的行为创意，产生了"红黄绿"等的业务提醒功能。如果在上一步已处理的业务，在下一步停留的时间已经接近政策规定的标准时间，则该审批单据在客户桌面上以"黄灯"提醒；若停留的时间已经达到甚至超过政策规定的标准时间，则以"红灯黄灯"警告。"红黄绿"的软件行为创意规范了金土工程的审批时间范围，受到省、市、县各级客户的欢迎，但其形成的根源是数据挖掘方法所获取的客户操作行为知识。

其三，数据挖掘方法还激发了客户动态桌面的创意。通过对客户业务操作日志的海量数据进行关联性分析后，研发团队发现不同科室业务人员特定操作知识，即操作序列具有相当的规律性。有些业务人员在开始业务处理前，总要先查询待办工作；反之有些业务人员则直接从拟办工作开始处理。关联分析也发现客户的感性知识，如分析在不同按钮之间的切换速度判断客户操作的适应度、分析客户更换界面肤色的持续时间和类型判断客户的颜色喜好等。对上述来自客户的操作知识和感性进行聚合，将帮助研发团队产生了动态桌面创意。最终，基于对大量历史数据的关联分析，金土工程系统能够自动向客户推荐符合其行为风格的系统肤色、按钮排列、操作顺序。

其四，对于业务流程相对复杂的功能点，研发团队创建原型系统后交互改进的时间成本较高，则直接使用创意工具箱获取客户创意知识。创意工具箱是研发团队根据客户业务知识，按照客户思维和表达方式设计的一系列基本业务、业务逻辑关系、功能表达、行为展现的可视化符号集合体。金土工程系统客户可以在网络上选择业务符号和逻辑关系符号，建立业务内在联系，并选择希望的功能和行为符号做系统输入和输出设计。客户使用创意工具箱直接表达希望的功能创意，既满足了客户业务需求，同时也满足了研发设计规范，方便系统的实现。如图 7-4 所示。

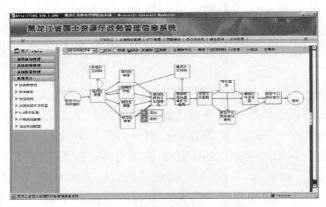

图 7-4　利用创意工具箱获取客户创意知识

鉴于客户知识情境在客户创意知识获取过程中的重要地位，Z 公司尝试使用知识情境本体获取客户创意知识。为此，Z 公司研发团队聘用两名知识工程师，并与高校建立科研合作关系，探索构建省厅金土工程系统知识获取系统，使用知识情境本体获取相关的客户创意知识，如业务表单订制的精灵助手创意，如图 7-5 所示。

步骤 1：对研发团队的初始功能创意进行本体操作，Z 公司系统设计师根据创意的基本信息，对知识情境本体框架进行详细的分析和设置，形成覆盖功能创意关键要点的知识情境案例，如图 7-6 所示。

步骤 2：客户知识情境特征获取和双方知识情境差异分析在初始知识情境建立之后，按照知识情境任务对象的安全控制，有权限的省厅信息中心人员可以通过研发团队建立的客户知识情境体验系统，或在现有金土工程系统的在线体验功能进行情境训练。系统将自动记录客户行为特征和使用偏好，实时对比客户知识情

图 7-5　初始创意本体编辑的可视化界面

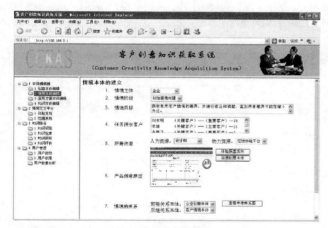

图 7-6　研发团队知识情境本体编辑的可视化界面

境和初始知识情境之间的差异，并自动修正两者差异，如图 7-7 所示。

　　步骤 3：研发团队知识情境调整。客户也可以登录知识获取系统的知识情境交互编辑器，主动对知识情境本体进行必要的修改。当两种知识情境趋于一致时（无法继续修正差异），知识获取系统将抽取客户创意知识，对研发团队的精灵助手创意进行验证性完善。客户可以使用在线交流功能，或利用社会网络（如金土工程系统中嵌入的 RTX 沟通平台）开展知识协同。

　　步骤 4：客户创意知识的表达与获取。知识工程师使用知识获取系统，获取客户创意知识。知识工程师可以对知识本体进行操作，进一步理解客户创意知识的意图，并通过知识地图来建立客户创意知识的内在连接。知识工程师也可以使用

图 7-7　客户知识情境体验与感知可视化界面

客户知识情境交互过程中的数据库信息，寻找客户偏好与行为知识，或者建立客户基本知识、需求知识、行为知识等方面的内在连接，如图 7-8 所示。

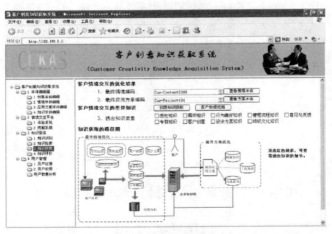

图 7-8　研发团队获取客户创意知识可视化过程

　　例如，针对"精灵助手"进行本体操作：①知识获取系统获取客户知识情境特征（对应客户知识情境库编码）、多种类型的知识（如行为知识等）、应用方案表示（对应应用方案库编码）等本体要素内容。②补充形式化描述，对行为知识描述："在进行流程样式设计的时候，鼠标单击填出式菜单后，精灵能够暂时隐藏，不遮挡客户的操作精确性和流畅性。"③使用客户创意知识节点编辑工具，对客户创意知识进行逻辑连接。

可见，Z 公司采用基于知识情境本体交互方法，使得系统设计师、知识工程师和省厅信息中心客户，分别利用多个异构本体进行知识活动协同，实现自动获取客户创意知识的目的。

7.2.2　案例 2：集团管控 ERP 系统

7.2.2.1　案例项目背景

Y 公司是一家国内知名的复杂管理软件研发和实施企业，目前拥有包括总部在内的研发中心 6 个，以及超过 3500 人的研发队伍。下属 100 多家分子公司、3000 多名服务专家、3000 多家合作伙伴组成的管理软件服务生态系统。

集团管控 ERP 系统是 Y 公司于 1997 年开始针对集团型客户研发的国内第一套真正的 B/S 架构的产品，也是迄今该公司最大规模、最为复杂的 ERP（企业资源计划）系统。首先在政府行业和集团制造提供服务业，进而通过平台化集成策略，扩展到建筑与房地产、在流通与消费品、连锁服务、传媒出版、煤炭与能源、金融、电信、军工等行业。

集团管控 ERP 系统作为一个集成 Web 应用门户，企业应用运行平台可以发布内部信息、支持员工协同工作、集成供应链相关应用。所有企业供应商、合作伙伴、客户、员工都可以使用单一门户获取个性化信息和服务，最大程度分享门户平台的信息资源，提高企业的市场竞争力和部门生产力，提升把握商机的能力；开发平台以模块化形式为复杂软件系统开发者提供基本框架，另外提供各种方便易用的开发实施、维护管理的工具，提高开发效率，降低开发难度；系统集成平台实现高性能和负载均衡，保证系统的可用性和可靠性。系统管理平台实现集团集中财务、集中采购、统一销售、人力资源、生产管理、办公管理、客户关系管理的全面信息化，使得集团各公司和业务部门在信息平台上能够协同工作，消除了信息孤岛。引导企业借助 IT 工具的帮助，构建强大的组织神经网络，逐步实现管理智能化。集团管控 ERP 系统平台框架见图 7-9。

集团管控 ERP 系统是一种大型复杂软件系统，覆盖众多行业类型，涉及的业务流程模式也异常复杂，从该产品企业研发迄今经历了 6 个主要版本。每个版本的集团管控 ERP 系统研发，都经历了需求调研、系统分析和设计、系统测试、后期反馈等过程，一些概念化平台和具体功能模块始终处于不断的完善和改进过程中，是一种周期性的螺旋迭代研发模式。集团管控 ERP 系统从版本 1.0 到版本 6.0 的开发和升级，历时 10 余年，累计投入近 10 亿元，研发团队成员达到 400 人以上。集团管控 ERP 系统研发的创意周期如图 7-10 所示。

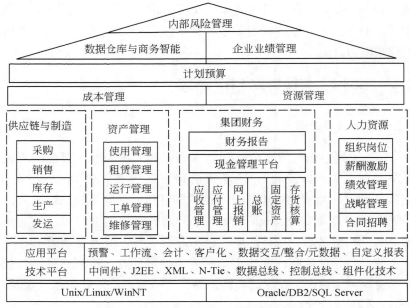

图 7-9　集团管控 ERP 系统整体架构图

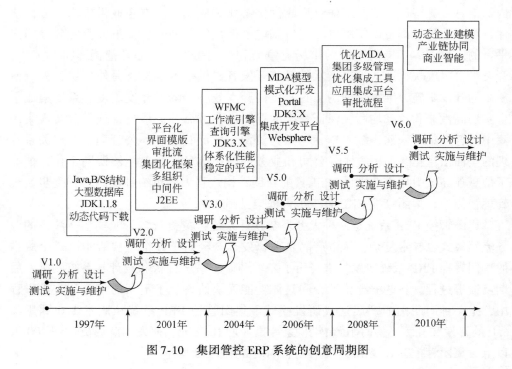

图 7-10　集团管控 ERP 系统的创意周期图

7.2.2.2　案例项目中的客户创意知识分析与重要客户识别

对于 Y 公司的集团管控 ERP 而言，其复杂软件系统的初始创意归因于大型集团客户在业务、技术上的迫切需求。1997 年 Y 公司承接了大客户 SY 集团财务项目，SY 希望对财务项目实行集中管理，以便实时掌握经营状况并控制资金风险，1998 年另一个大客户 ZHY 也提出了类似的需求。因此，Y 公司从分散分权管理到集中集权管理的重要需求。加之 1998 年以后，通过资产重组，我国在短时间内出现大批企业集团。1999 年 9 月，中共中央十五届四中全会形成了组建大型企业集团清晰、完整、明确的思路，明确指出 "发展企业集团要遵循客观经济规律，以企业为主体，以资本为纽带，通过市场来形成，不能靠行政手段勉强撮合，不能盲目求大求全。要在突出主业，增强竞争优势上下功夫"。在这种情况下，更刺激了大型集团客户对于集团管理 ERP 系统的需求。可以说，集团管理 ERP 系统研发创意，很大程度是客户选择的结果。

集团客户在战略、市场、技术等层面面临巨大压力，刺激了 Y 公司集团管理管控 ERP 系统创意并促使该系统的研发，走中国管理信息化软件的高、精、尖之路。Y 公司正式提出集团管控 ERP 系统创意，确立了以客户为中心，推行客户经营模式，推动公司从产品经营型向客户经营型转变，向客户提供全生命周期、高质量的应用服务，从财务、制造、人力资源、供应链、成本进行全面应用，建立电子商务系统、全面预算系统、决策支持系统，并关注相关系统的应用集成。

Y 公司通过积累客户实践经验和知识，不断刺激产生出集团管控 ERP 系统创意，而支持 Y 公司的集团管理 ERP 系统初始创意，则是来自于大型集团客户在市场、技术、战略和政策层面的各种知识。这些从不同行业、不同规模、不同管理模式的集团企业获得的客户创意知识，被 Y 公司管理高层获取之后，成为支持 Y 公司产品管理委员会制定本公司愿景、规划和产品策略，提出产品研发路线选择依据，并基于这些知识形成了 UAP（用户应用平台）平台创意。集团管控 ERP 系统创意过程与客户创意知识，如图 7-11 所示。

Y 公司成立了集团管控项目事业部，并组建一支跨部门研发团队承担集团管控 ERP 系统创意的具体化工作。研发团队由产品管理部、技术支持部、技术开发部、模块开发部、交付中心部等部分人员联合组成，人数始终保持在 Y 公司全部研发力量的一半以上。研发团队内部，由总经理负责产品总体架构工作，技术开发部负责关键技术的研究和编码、模块开发部负责供应链、财务链、生产链三大模块的详细编码和测试、产品管理部负责数据推演、需求调研和接口任务、技术支持部专门负责性能测试、交付中心负责软件系统的实施。集团管控 ERP 系统项

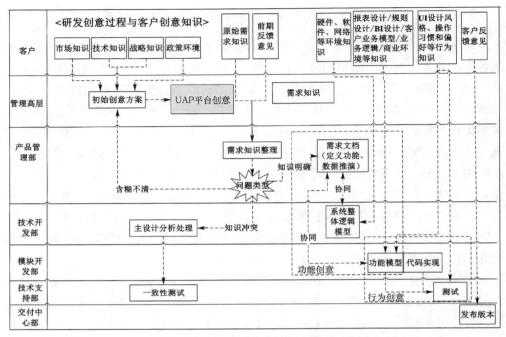

图 7-11　集团管控 ERP 系统创意过程与客户创意知识

目采用了"迭代式/大产品生命周期研发模式",与快速原型法相比,更容易控制成本和进度。更重要的是,这种研发模式结合市场、开发、支持各部门优势,追求对客户创意知识的全面获取。

在 Y 公司的集团管控 ERP 系统研发初期,需求工程师首先深入客户企业进行访谈和调研,将收集到的前期反馈意见和客户需求知识;产品管理部门需求分析人员根据需求知识类型,进行不同处理:如果需求知识的概念含糊不清,则 UAP 平台创意缺乏适应性,需要与客户协同,基于现有平台创意提出新的解决方案;如果需求知识与团队储备的知识相冲突,则交由技术开发部主设计人员,对这些需求知识进行进一步分析和验证。如果客户需求知识非常明确,则开始定义具体功能需求,进行数据推演。各种系统功能创意的产生和确认,需要产品管理部、技术开发部、模块开发部的共同讨论。需求工程师协同技术开发部开始搭建系统整体逻辑模型,描述软件控制流程,并从客户身上获取硬件、软件、网络等环境知识;需求工程师协同模块开发部将整体模型分解为功能模型,描述软件业务流程、并从客户身上获取报表设计知识、规则设计知识、BI 设计知识,以及客户业务模型、业务逻辑、商业环境等知识。一旦需求得以确认,客户设计知识、业务知识将支持具体的功能创意产生和实现。按照约定的功能模型，技术支持部负责测试，从客户身上获取客户 UI 设计风格、操作习惯和偏好等行为知识，递交模块开发部，以改善客户体验。最后，在系统发布后，交付中心部负责收集客户提出的问题，整理各种反馈、意见和建议。因此，Y 公司集团管控 ERP 系统创意从 UAP 平台创意开始，以客户需求知识为基础，在跨部门研发团队与客户紧密交互的条件下，各部门协作从客户身上获取各种类型的创意知识，支持创意的不断深化和完善。

在对重要客户识别问题上，Y 公司的各地区代理起到了重要作用。各地区代理负责产品直销，处于 Y 公司软件产品销售、培训的一线。一方面，各地区代理对现有产品知识了解很全面，与客户进行交流和沟通时能切中问题要害。对于集团管控 ERP 系统相关的问题，如对产品的售前咨询、实施培训、服务支持等各种问题，总是先与地区代理相应部门联系，客户有与地区代理共享知识的意愿；另一方面，Y 公司各地区代理掌握着大量的本地客户资源，并于客户保持长期而紧密的沟通，经常深入客户单位进行业务调研，熟知客户需求。为了更多地了解客户需要，地区代理频繁地安排潜在客户走访样板客户单位，增加潜在客户成单率；或者召开各种产品培训会、学术研讨会、现场交流会，邀请现有的和潜在集团客户在会议上各抒己见，从不同层次、不同背景的集团客户身上，了解客户对产品的满意度，获取改进意见和建议。从客观角度看，这些手段和措施大大提升了本地区集团客户之间的联系，形成了本地集团客户网络。由于 Y 公司销售策略的限制，不同地域的地区代理仅掌握着本地域的客户资源，跨地域的集团客户之间的交流并不频繁。

Y 公司研发团队在获取客户创意知识时，为了节省成本和时间，提高知识获取效率，必须明确不同客户的知识贡献价值，选择高贡献率的客户。选择标准首先考虑知识贡献方式，不同贡献方式的价值评判标准不同。对于地区代理区域性控制型，地区代理汇总所有客户企业规模、发展历史、行业背景等资料，分析客户企业的知识内在价值；考虑作为核心枢纽的地区代理与客户企业之间的交互情况，统计地区代理的服务与支持记录、客户拜访记录、培训与研讨记录等数据，分析客户与地区代理的知识交流活跃度。月末，各地区代理将所有集团客户公司的知识内在价值和知识交流活跃度的评分加总排序，提供给研发团队参考。对于客户虚拟论坛型，一旦集团客户进行身份认证后，仅需要考虑在网上的客户知识交流活跃度。虚拟论坛对客户发帖提问或者解答，都有一定的积分奖励，以获取更高的声望。月末，Y 公司的研发团队，利用客户论坛声望与地区代理总评分的移动加权平均数，衡量每个集团客户的知识贡献大小。通常，评价分数进入全国前20%的客户，定义为客户创意知识贡献的重要客户。研发团队有意识地增强与重要客户的沟通，采用更多知识获取方法获取客户创意知识，如图7-12所示。

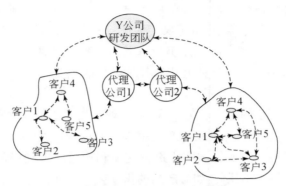

图7-12　集团管控ERP系统的重要客户

7.2.2.3　案例项目中的客户创意知识获取模式与方法

Y公司集团管控ERP系统项目中，知识情境也是制约客户创意知识获取的关键要素，知识情境差异全面体现在集团企业的文化、业务、技术3个不同维度。

在知识情境的文化维度上，Y公司的大型集团客户形成途径和方式，造成企业文化有很大差异。有的集团企业是从行政机构演变而来的，主要集中在自然垄断产业和军工行业，经历了工业部、行政总公司、集团企业的变化过程，集团组建起主导作用的是政府，企业文化具有很强的行政背景，容易受国有资产管理体制和行政机构变化的影响，利益关系难以协调，管理层次多，管理效率低；有的集团企业是由若干个大企业联合形成的，比较明显的如钢铁、汽车和外贸行业，其企业文化不是很明晰，各个成员企业利益难以协调、经营理念差异大；有的集团企业是大企业发展过程中正常的分裂、新设或并购子公司，形成的企业集团，企业文化较为协调，向心力强，不易受到行政权力的干扰。在知识情境的业务维度上，Y公司的大型集团企业客户都分布在不同行业，每个行业都面对的是差别迥异的竞争环境，拥有自身独特的复杂领域知识和业务逻辑。即使同属于一个行业的客户也都从事多元化业务，业务之间的关联度较小，其经营环境也有很大不同。在知识情境的技术维度上，Y公司的大型集团企业客户对企业信息化建设的态度、软硬件设备投入、信息技术人才的储备、信息化组织机构的地位也各不相同，导致不同集团客户在技术能力方面存在巨大差异。

由于Y公司的大型集团企业客户之间，Y公司研发团队与客户之间均存在较大的知识情境差异，所以Y公司采用了两步走策略。

第一步，从集团管控 ERP 系统项目初期，研发团队采用项目化研发策略，深入调研每一个集团客户所处的知识情境，试图降低研发与特定客户之间的知识情境差异。这个过程如研发团队总经理所说："软件系统研发能否成功，关键在于研发人员是否真的懂客户，尊重客户，从客户切身感受出发来满足客户。"公司管理高层领导每周都抽出时间，与一线代理商以及客户经理、售前和实施顾问，还有合作伙伴共进午餐或谈话，目的是了解集团客户的最新状况，有什么新问题需要解决，哪些新需求最为迫切，客户对公司及竞争对手产品评价如何。这些一线人员对客户各方面的实际情况非常了解，同时身为基层管理者又经常考虑产品改进和升级问题，因此经常能结合客户情况和研发现状，提出切实可行的创意解决方案。只要有可能，研发团队骨干人员每周至少会拜见两批客户或者合作伙伴。通过与客户的直接交流、电话沟通、QQ 聊天、访谈、实地调查、开座谈会，深切感受客户在业务、技术、文化方面的困惑、压力和掣肘，形成与客户相近的心理体验，并撰写客户沟通总结，在研发团队内部研讨会上相互交流和分享。研发团队的一名服务支持工程师说："有时候，感觉不再有企业界限。我们与客户融为一体，是一荣俱荣，一损俱损的关系。客户的任何情况变动，都会深刻的影响我们的想法。"例如，Y 公司在对 DFHK 集团客户的调研中，不仅深入收集和整理企业集团财务管理的模式，研究新会计准则的要求，尽量符合萨班斯法案及其衍生的国际内控框架体系要求，而且，关注集团企业的管理变革和技术趋势。在 2009年，DFHK 集团承担了国家科技支撑计划项目"企业会计信息系统 XBRL 接口示范应用"课题，Y 公司积极地协助集团企业对行业扩展分类标准的制定，并在财务管理子系统中积极运行 XBRL（可扩展商业报告语言），形成集团管控 ERP 系统的更多功能创意，满足政策环境对集团企业的约束需求，强化财务集中管控模式，也给财务数据获取自动化奠定了基础。正是通过这种持续地对集团客户的调查与沟通，Y 公司的研发知识情境才逐步逼近客户知识情境，并不断地交互，大规模地获取客户创意知识，形成更有价值的复杂软件系统创意。

第二步，从集团管控 ERP 系统项目中期，研发团队采用产品化研发策略。例如，在为期 3 个月的"封闭研发"过程中，研发团队系统性分析了所有收集到的集团客户在业务、文化、技术上的内容差异，标示每个客户在知识情境空间均占有的独特位置，识别出在前期调研中获得的集团企业客户创意知识。同时，综合考虑了团队研发知识情境与每个集团客户知识情境在距离和方向差异，识别出研发团队与客户交流过程中新创造的客户创意知识的内容、类型和深度。这种全方位、多角度的知识情境差异分析，促使 Y 公司加紧构造研发知识情境的多目标模型，努力减小研发知识情境与全体客户知识情境的总差异，达成一种动态平衡。

最终，UAP（客户应用平台）的平台创意充分满足研发知识情境和客户知识情境共同要求，衍化成更多功能和行为创意，并更进一步获取不同类型的客户创意知识。

基于缩短双方知识情境差异的目的，Y 公司研发团队对跨组织的客户创意知识获取采用了双管齐下的方法："信息技术"和"社会网络"。

"信息技术"试图使用技术手段，在研发团队和集团客户之间建立沟通桥梁，使双方增进理解。Y 公司在互联网上构建了一套基于知识库的互联网呼叫中心系统（ICC-KB），希望能帮助企业快速获取客户发现的问题、抱怨和解决意见，并与客户进行实时交互。在使用该系统前，研发团队如果要得到客户对现有产品的意见、进一步的需求和想法、客户特殊业务处理知识、客户独特的行为习惯，就必须通过市场和服务支持人员的反馈，加之这些知识往往难以表达，经过多次转移后往往差异很大，对复杂软件系统初始创意质量产生负面影响。在 ICC-KB 系统，上述客户创意知识能够及时被 Y 公司客服人员所获取，转移到研发团队的模块开发部。由于 ICC-KB 系统与 Y 公司的业务系统整合在一起，当客户通过互联网访问 ICC-KB 系统，客户单位的具体信息将自动被系统记录和识别，并且实时监控访客，具有一定智能性，提供智能机器人系统自动应答客户的提问，提供相关咨询服务。ICC-KB 系统的信息技术手段是全面多样的，提供了留言板、人工语音、人工视频、电子白板、远程协助等多种沟通功能。这些信息技术的综合应用，帮助研发团队更敏锐地理解客户所处的特殊业务、技术、文化知识情境，与客户更广泛地交互，多角度、清晰地表达隐性知识，使客户创意知识获取上升到新水平。Y 公司研发团队安排了两名工程师，每天专门接从客服部门通过 ICC-KB 系统转来的客户呼叫。通过运用视频的方法，客户能够类似面对面地与研发人员进行业务处理的沟通；通过电子白板，领先客户能够使用各种随意的符号和元素，开放性地表达对软件系统的改进建议，甚至提出新的创意和想法；通过远程协助，双方不仅使用语言进行知识交流，而且更深入到难以清楚表达的技能层面。ICC-KB 系统成为有效获取客户创意知识的多方位、全天候、高渗透性工具。

在传统的呼叫中心中，主要依赖的是人工语音电话。但是在很多时候并不受欢迎。服务人员忙于解决客户的各种问题，很少有人根据客户的问题系统，按照预定的模版填写问题清单和解决报告，被认为浪费时间，意义不大。然而，客户提出的反馈意见，本身就蕴涵着问题改进的可能性，是复杂软件系统创意的重要灵感来源。这些宝贵的知识，需要系统性的获取和保存，才能有效地理解知识软件的创意过程。Y 公司建设的 ICC-KB 系统的核心就是知识库系统，方便客户从互联网登录后，自由编辑和描述所遇到的问题，如图 7-13 所示。

问题号：	200906151401371671
软件版本：	NC5.02
数据库：	Oracle10g
问题属性：	C 功能性需求
使用产品：	F 全面预算
软件模块：	预算管理
问题现象：	单一预算主体涉及多账套的费用进行总额控制，可多账套取执行数；如，上海营销总部为一个预算主体，涵盖两个账务主体，进行控制；请问如何实现。
问题原因：	特殊方案可实现对于多个会计主体的控制和读取
解决方案：	账套是公司吗？如果是公司的话，可以用特殊方案实现
解决状态：	最终方案
录入日期：	2009-06-22-09：59

图 7-13 Y 公司的知识库系统

在图 7-13 中，需要描述的项目包括问题号、软件版本、数据库版本、问题属性、使用产品、软件模块、问题现象、问题原因、解决方案、解决状态、录入日期等。在问题提交后，ICC-KB 系统将根据问题的性质，自动进行文档编号和归档，对不同知识进行分类存储。例如 Y 公司的一个集团客户曾发现系统现有功能并没有满足该企业的实际业务需要，于是向知识库提交一项知识问题："单一预算主体涉及多账套的费用进行总额控制，可多账套取执行数；如，上海营销总部为一个预算主体，涵盖两个账务主体，进行控制，请问如何实现？"对于此问题，客服的回答是："如果账套是公司的，可以用特殊方案实现。"ICC-KB 系统补充完整其他相关信息，作为一条来自客户的功能性需求知识存储在知识库中。然而，使用"特殊方案"毕竟是一种问题解决的权宜之计。大约 1 周后，Y 公司研发团队的知识工程师查看知识库时，发现此功能性需求知识可能引发功能创意，于是将其提交模块开发部。开发部确认后形成功能改进创意，2 天后完成功能升级，并采用了"特殊方案"具体解决办法，新功能创意得以实施。

"社会网络"方法的价值在于，依靠集团客户之间的人际关系网络形成客户社群，经常性、低成本地交流和转移彼此的经验、技能、感受、想法、评价等知识，形成客户创意知识向研发团队的"推送"。Y 公司在各地代理商拥有数量巨大的集团客户资源，通过各种研讨会、培训会、交流参观等机会，提高区域客户之间的连接强度，建立了较为稳定的集团客户社群。代理商负责定期评价所有集团客户的知识贡献价值，从而为研发团队高效地从重要知识源获取高质量的客户创意知识提供了必要条件。

然而，Y公司在实际运行中发现传统客户社群存在许多困难。一是作为客户社群的组织者，Y公司每年召开大规模的会议和活动，总有客户因为各种原因而不能参加。公司代理商花费了大量的人力和财力资源，起不到预想的效果，客户社群内部关系始终有待加强。二是Y公司代理商业绩压力较大，精力聚焦在销售、培训和服务支持等增值性业务上面，对举办各种会议和活动的积极性不高。对客户网络中的重要客户创意知识源评价工作无疑更加重了代理商的负担，因此，代理商对建设客户社群甚至持否定态度。三是在实际运行过程中，代理商限于上述客观和主观两大原因，很难及时、准确地向研发团队转移客户创意知识，使"社会网络"方法失去了应有的效果。正如研发团队的知识工程师曾抱怨说："我们没有直接联系集团客户的渠道，只能依靠代理商的客户资源。然而，在无休止的沟通和等待后，即使最有耐心的客户也会选择放弃。客户得不到我们的反馈，不知道建议是否被采纳，也不知道是否有回报。"

2009年，Y公司推出企业社交系统，利用大量社会媒体技术取代了传统知识获取方法，重构客户社群，提升客户贡献创意知识的意愿。企业社交系统的子集是具有多层架构的企业专属社交平台，通过创建了多个独立社交子网络，分别满足企业与伙伴间、企业与客户间、内部员工之间的不同社交需求。集团管控ERP系统研发团队则利用企业社交系统，建立客户创意知识的企业空间，邀请各地区的集团客户加入，成为正式注册的知识贡献者。

例如，研发团队为了获取客户的总账查询功能的操作知识，首先描述该功能的基本框架，并给出预计效果图。在按创意主题分类后，将构想提交到企业空间中形成"话题"，作为所有客户理解和交流的初始知识情境。企业空间整合了企业博客、微博、微邮、公告、虚拟社区等社会媒体技术，实现了知识获取手段的多样化。在三天时间里，客户就此"话题"开展了热烈的讨论，很快衍生出更多的"子话题"，如总账查询后的打印形式问题。DC集团客户在企业博客中回复道："现有设计中，导出Excel只能按月分页，按月导出，但是我单位在审计时需要将所有月份数据导出，然后提供给审计人员，所以，请提供序时账多个月数据一次性打印、导为Excel的功能。"客户也使用微博分享自己的创意想法和疑问，或者积极提供所需的信息和资源，甚至在虚拟社区中发帖给出较为专业的解决方案。在"话题"截至日到来时，大约290名客户参与了717人次的讨论。研发团队模块设计部使用知识聚合功能，从企业博客、微博、微邮、公告、外部空间、虚拟社区中抽取与"话题"关联的客户创意知识，经过分析整理，形成了5种不同的创意方案，重新把"话题"方式提交到企业空间中，形成第二轮客户创意知识获取。客户并使用企业空间中的"投票"功能，对5种创意方案进行投票选择，最后第 1 种方案入选，同时又补充了 75 条客户建议。研发团队模块设计部采纳了第 1 种方案，在其基础上参考客户建议形成最终的创意方案，开始进行功能设计、编码和测试。

在与研发团队交互的过程中，客户参与创意知识贡献的积极性很高，原因在于 Y 公司建立了企业空间的内在激励机制。对于所有提交到知识库的客户创意知识，需要研发团队利用"投票"功能，从全面性、新颖性、可行性等多个指标，集体评判出每条知识的客户贡献价值。企业空间系统根据知识价值的相应分值，自动提升客户的知识贡献指数。每个月，Y 公司按照客户创意知识贡献指数，对客户进行物质奖励。研发团队与客户成为一种知识提供与知识消费的市场关系，进一步提升了双方的信任程度和关系强度。因此，在企业社交网络中，组织边界和内部层级被打破，研发团队和客户之间可以充分互动，最大限度地挖掘客户创意知识，使创新成为一种文化。

7.3 案例 1 与案例 2 对比分析

在客户创意知识内涵与特征上，两个案例存在一定的不同。Z 公司金土工程系统项目的实施过程中，创意驱动因素来自政府项目本身。由于客户只有政府国土资源部门一种，所以其客户创意知识更多局限在政策层面和技术层面，要求研发团队能够充分把握客户知识情境的文化维度细节，具体重点涉及客户的组织文化背景、政策法规知识、具体工作环境特征、软硬件条件等，也包括客户功能需求、意见反馈知识；而 Y 公司集团管控 ERP 系统项目的实施过程中，创意驱动因素是集团客户所面临市场、技术、战略层面的压力，促使 Y 公司需要从行业、规模、管理模式都存在巨大差异的集团客户中获取客户创意知识。因此，集团管控 ERP 系统项目涉及的客户创意知识充分覆盖了客户知识情境的三个维度，包括形成初始创意方案的客户技术知识、战略知识、政策环境知识，以及在支持研发过程的产品需求知识、意见反馈知识、软硬件及网络环境知识、复杂业务过程知识、操作习惯和偏好知识等。

在重要客户识别上，案例 1 侧重于第 I 类重要客户，而案例 2 覆盖更为全面。由于政府部门的客户知识流转网络与其组织正式网络相重叠，省厅信息中心是知识流动的枢纽，因此省厅信息中心确认重要客户，侧重于第 I 类重要客户。在集团管控 ERP 系统项目中，复杂软件系统创意的驱动因素来自客户所面临的市场、技术、战略、环境压力，导致客户创意知识获取过程跨越度大，需要各个部门协同获取。同时，由于集团客户行业类型多样，相互联系较为松散，包含非正式网络的知识流转模式，因此重要客户识别过程更为复杂。

在知识情境交互的过程上，两个案例项目既有相同点，也有一定的差异。相同点是两个案例项目都是从知识情境的人文、业务、技术三个维度展开描述，都存在"知识情境嵌套"现象。无论是 Z 公司的金土工程系统项目还是 Y 公司的集团管控 ERP 系统项目，都要从外层逐步向内层过渡。然而，两个案例的"知识情境偏移"形式则不同。对于某省金土工程系统来说，"知识情境偏移"是由于省、市、县的客户知识情境存在一定业务、技术和文化上的差异，但由于同属政府背景以及政策法规的硬性约束，省、市、县的客户知识情境没有本质上的差异，而集团管控 ERP 系统项目的"知识情境偏移"则是全方位的。由于集团客户行业多样性和业务多元性，研发知识情境与客户知识情境很难有共同点，因此 Y 公司采用了两步走策略，先从项目入手，满足客户个性化需求，使研发团队知识情境逐个逼近客户知识情境；然后着手产品化，提炼共同特征，建立多客户知识情境间的动态平衡。

在客户创意知识的获取方法上，金土工程项目侧重于信息技术和智能计算手段的结合，如使用功能原型法获取了客户可能难以描述或者不方便表达的需要、感受、意见，通过知识的社会化过程直接获取客户创意知识；使用创意工具箱则在设计规范制约下，给出客户一种自由发挥创意的空间；使用在线体验与数据挖掘结合的方法，大规模地获取客户偏好、习惯、感知等行为创意知识；利用省厅信息中心熟悉领域知识和信息技术的优势，与高校联合探索知识本体技术获取客户创意知识。集团管控 ERP 系统更侧重于使用信息技术和社会网络手段的融合。基于知识库的互联网呼叫中心系统大量地应用了多种交互性信息化技术，协助研发团队深入理解客户所处的特殊知识情境，建立心理上的共同认知，将客户创意知识显性地表达并存储在知识库中；企业社交系统则更近一步，将松散的传统客户社群引入 Y 公司与集团客户专有的交互空间中，抛出"话题"作为一种概念知识情境，依靠系统内在机制激励客户，多轮反复地获取客户创意知识。

根据对两个案例项目参与者的深度访谈和记录，Z 公司和 Y 公司在复杂软件系统研发过程中客户创意知识获取方面存在主要差异，如表 7-1 所示。

表7-1 两个案例项目的参与者深度访谈对比

	案例1：某省金土工程系统项目	案例2：集团管控ERP系统项目
客户创意知识内容类型	Z公司的需求经理说："忙的时候，我们经常是连续几天都驻在信息中心，每天都去业务部门调研。这样的好处是不仅熟悉了项目背景和环境，还对他们的技术能力、业务知识了如指掌。"在系统原型拿出后，更频繁地与业务客户进行沟通，不仅改善功能，而且考虑客户的个性化知识。	该项目产品管理部负责人所说："客户，都应该是产品开发过程的一部分。"客户创意知识在创意前期、中期和后期都会不断地涌现，在项目整个开发过程中，大规模的与客户面对面访谈不少于上百次。Y公司技术开发部、模块开发部、产品管理部、技术支持部、交付中心都参与到客户创意知识的获取过程。
重要客户识别	一个项目程序员说："实际上，信息中心具有很大的权限，很多时候可以决定业务科室提出的功能需求或是改进意见是不是可取，甚至可以重新设计业务处理过程。而市县的需求必须要经过省厅信息中心批准才能提交。"	"判断集团客户在知识贡献上的重要程度，与通常的客户价值区别很大。客户企业大小、领导的社会关系、企业圈内的地位、活跃程度、员工表达能力都成了可能的影响因素。最重要的，还是看和客户的关系，关系紧密的愿意多提供一些知识。"
客户创意知识获取模式	知识情境交互成为客户知识获取过程的一种重要机制，有效地消除了研发团队和客户的心理距离，使文化背景、技术能力、业务知识不同的两方能坐在一起使用一样的词语，描绘一种意思。Z公司的程序设计师说："开始时，我们认为完成系统的设计和编码就行。随着与业务科室人员的交流，我们知道了他们的处境和困惑，他们也了解我们处理问题的习惯和风格，让我学会从另一个角度认识这个世界。"	客户创意知识与情境伴生，在适当条件才能激发和获取。Y公司项目所呈现的各种繁杂的外部现象干扰了情境的认知路径，需要对过程先还原和后综合，才能理清所蕴涵的客户创意知识。Y公司的项目经理说："最初，系统平台创意很不理想，适应性很差，我们与客户的交流没看出任何效果。三个月的封闭，使我们弄清楚了问题的症结。客户所处的环境远比我们想象的要复杂得多，或者说我们只是理解了客户的一部分而已。"
客户创意知识获取的方法	Z公司使用信息技术和智能计算进行知识获取，提升了客户创意知识获取效率。该项的知识工程师说："无论哪种知识获取的方法，都需要双方之间的充分交流为基础。在交互过程中，信息化技术能协助客户清楚更充分地理解我们创意的意图，采用规范和低成本的方式，源源不断地提供比他们自身所拥有更多的创意知识。在熟练掌握信息化工具后，双方关心的焦点仅在于什么创意以及什么样的创意知识，而不关心具体的获取过程。"	该项目模块开发部的知识工程师说："我们不是去找知识，而是知识在找我们。客户非常热情地和我们接触，希望我们能采用他们的知识。当然，这样他们可以获取相应的报酬，而我们也能取得高质量的创意知识。过去我们经常抱怨客户对我们不理不睬，而现在我们抱怨客户有太多的想法和建议。"研发团队使用企业社交系统过程中，平均每个月收到客户的各种创意知识报告400多次，其中对系统创意有直接帮助的占到18%。这些创意知识覆盖了Y公司研发团队所有部门的研发工作。

7.4　结果讨论

通过以上对两个复杂软件系统开发过程的讨论发现：

（1）两个案例项目都是需要分布在不同地域、处于不同环境的客户深度参与的大规模软件系统项目，需要管理高层到研发团队员工高度重视，并投入大量企业资源从多个角度、多个层面进行尝试。

（2）复杂软件系统研发过程中，研发团队与客户之间进行知识情境交互，能有效地提升双方相互信任和理解程度，从知识情境的文化、业务、技术三个维度，促进知识社会化过程，潜移默化地获取客户创意知识。另外，创意各阶段的客户知识情境是嵌套关系而非并行关系，形成多阶段的知识情境转移模式。

客户行业多样性和业务多元性增加了知识情境识别的复杂度，导致严重的知识情境偏离。在本案例中，Y 公司使用了多阶段法，建立了多目标的客户知识情境动态平衡过程，不断地获取客户创意知识。

（3）获取客户创意知识需要相当的资源和精力来引导客户社群网络的活动，鼓励重要的客户创意知识源积极地贡献创意知识。行业不同，客户社群网络的性质可能完全不同。Z 公司的客户社群与组织正规网络重叠，正规网络中的信息枢纽往往承担重要知识源的角色；Y 公司以代理商为核心的传统客户社群，有一定的知识贡献能力。但由于代理商的瓶颈制约，需要更高效、激励机制更有效的在线社会网络补充和替代传统客户社群。

（4）对 Z 公司和 Y 公司来说，其客户创意知识获取的方法，如原型测试法、创意工具箱法、在线体验法、数据挖掘法、本体采集法、知识库法、社会网络法，都符合知识情境交互的基本原理。在各种获取方法的支持下，两个项目研发都达到了理想的效果，因此客户创意知识获取工具没有本质差异。

（5）在复杂软件系统创意过程中，在准确识别重要客户基础上，基于知识情境交互不断缩小研发团队与客户之间的知识情境差异，并按照客户所处的不同知识情境，选择合适的知识获取方法，才能有效地获取客户创意知识，支持复杂软件系统创意从产生到完善的过程。

7.5　本章小结

本章通过对复杂软件系统研发团队的实际调查，提炼出项目型、产品型两个复杂软件系统创意案例项目，即 Z 公司承担的某省金土工程系统案例项目，Y 公司自主研发的集团财务 ERP 系统案例项目。采用开放式和半结构化访谈方法，详细调查了上述两个研发团队在复杂软件系统研发过程中客户创意知识获取的过程、场景和事实，分析案例项目中的客户创意知识以及重要客户的识别方法，认识到客户创意知识内容与案例项目的类型相关；分析了案例项目的客户创意知识获取模式，认识到复杂软件系统创意各阶段的客户知识情境是嵌套关系而非并行关系，知识情境转移具有多阶段性特征；分析了案例项目的知识情境交互理论的客户创意知识获取方法，具体如创意工具箱法、在线体验法、数据挖掘法、本体采集法、知识库法、社会网络法，印证了前述所提出的理论和方法。

8　客户创意知识获取的改进策略

在对复杂软件系统研发过程中重要客户识别、客户创意知识获取模型、方法进行深入研究，以及影响因素实证与分析后，下面将从重要客户识别、客户创意知识获取相关模型、方法、影响因素等四个方面提出相应的改进策略，从而使复杂软件研发团队能够更有效地获取客户创意知识，支持复杂软件创意从产生到完善的过程。

8.1　基于客户创意知识分析与重要客户识别的改进策略

8.1.1　加强客户创意知识分析的过程协同处理

从第 3 章分析看出，整个复杂软件研发过程中，随时可能发生客户创意知识获取行为，其组织机构和人员组成复杂，跨越了管理战略层、产品管理部门、技术开发部门、模块开发部门、技术支持部门、交付部门。所涉及的人员包括管理高层、产品经理、需求经理、软件设计师、测试人员以及服务销售人员。因此，要有效地开展客户创意知识获取活动，复杂软件系统研发团队需要设定岗位职责，做好客户创意知识分析的组织过程协同管理。

（1）要依照复杂软件系统研发团队内部创意扩散的金字塔模式，严格定义各部门的创意粒度，根据创意粒度划分创意知识的特征和范围。

（2）树立全员参与意识，有与之对应的人力岗位规划和绩效评估办法，真正将客户创意知识获取活动摆在企业知识管理工作的重要位置。

（3）要明确每个团队成员在客户创意知识获取中的岗位分工，各司其职，同时做好相互协调与配合。作为管理高层，需要根据市场发展趋势，从企业战略层面思考系统创意的价值所在；作为产品经理，需要提炼前期创意的成功经验，结合对客户需求和偏好深刻理解，大胆地提出初始创意；作为需求经理，需要根据产品经理的复杂软件系统创意，深入客户业务现场进行需求调研走访，获取客户对初始创意的看法，提炼和总结客户的专有领域知识、需求知识、客户创意等，撰写出整体需求报告，对初始创意进行修正；作为软件设计师、测试人员，要在需求报告基础上，反复进行原型系统开发与客户体验工作，从而达到双方知识情境一致，获取客户的偏好知识、感性知识、设计方案知识等；客户服务人员则需要专门收集客户的反馈意见。

8.1.2　设立知识工程师的专业性管理岗位

客户创意知识获取过程具体包含知识需求匹配、来源识别、获取筛选、表达存储等多个步骤，形成支持复杂软件系统有价值的客户创意知识。对于复杂软件系统研发团队，这是一种新的知识管理实践活动，具有一定的疑难性和复杂性，需要具有专业性知识和技能的人员进行指导和管理。因此，研发团队往往需要在研发团队内部设立专门的知识工程师职位，对各岗位成员获取到的客户创意知识进行系统性的整理、编码和处理，建设创意知识库以利于在整个研发团队中开展知识共享，增加知识的利用率。

首先，知识工程师对客户创意知识重要度进行合理评估。由客户提供给复杂软件系统研发团队的创意知识，需要进行定量或定性分析重要度，以确定知识的内在价值。客户创意知识重要度具体通过客户提供给研发团队的创意知识频度、领域关联度、知识互补度、表达精确度四个指标来反映。对于客户创意知识频度，可以由研发团队或软件企业代理商来进行定量统计；对于后三个指标，则需要利用知识工程师的专业经验和技能进行主观判断。其中，知识互补度涉及研发团队自身知识完备性判断，领域关联度涉及对客户特定领域知识背景识别与分析，表达精确度需要根据客户的表述经验性评估，并对三项按百分制进行评价打分。由于这种主观判断高度依赖于知识工程师自身能力水平，所以决定了客户创意知识重要度识别的有效性。

其次，知识工程师对重要客户关系进行合理解释，帮助协调和管理重要客户。知识工程师通过社会网络分析技术可以获得客户网络节点重要度，结合客户创意知识重要度最终得到总体客户重要度，并按照预定比例明确重要客户的名单。然而，更重要的是，知识工程师必须有能力向研发团队充分地解释客户重要度分布状况，重要客户具有哪些具体特征，各自属于什么类型，各自应该采取什么样获取方法，则都需要知识工程师的专业经验加以判断。知识工程师提出重要客户维护和管理策略，不断强化研发团队的外部知识资本优势，从而帮助研发团队顺利获取客户创意知识。

除此以外，在设立知识工程师的岗位时，需要考虑知识工程师所应该具备的技术素养，特别在知识工程方法和技术能力方面。知识工程必须负责知识工程项目有关领域本体等知识库的建设，以及本体相关技术问题的处理。因此，聘用知识工程师的时候，需要考核其在解决知识提取、表达、转换、运用等环节上的理论和实践能力，以及对知识工程、语义本体相关的新技术和发展方向的敏感程度。

8.2　基于客户创意知识获取的情境交互及模型的改进策略

8.2.1　提升知识情境管理层次和水平

知识情境是客户创意知识获取关键要素，对知识情境的有效管理直接决定了客户创意知识获取的质量和效果，因此有必要对研发团队的知识情境进行有效管理，具体包括知识情境扩展、知识情境创造、知识情境激励等方面。

知识情境扩展包括对情境维度和深度两方面的扩展。通过知识情境维度的扩展，研发团队与不同客户大量而深入的交互过程中，突破组织文化、业务领域、技术环境的三维度框架，建立更为细致的客户知识情境维度，提升研发团队与客户知识情境交互的效度；通过知识情境深度的扩展，使得知识情境内容的表述更为丰富，从多个层次、视角上理解和获取不同类型和特点的创意知识，丰富客户创意知识的内涵以及质量。另外，需要考虑知识情境维度和深度之间关联，可以在知识情境维度扩展的基础上，具体做法可以采用类似多维数据挖掘技术，建立不同情境维度下的客户创意知识内涵与特征分析，综合性地提升客户创意知识获取水平。

共有知识情境创造将知识情境管理提升到一个新水平。徐金发认为，知识情境交互经历了从共享环境、共享知识情境到共有知识情境的三个阶段。通过研发团队与客户的知识情境交互过程，逐步减少知识情境差异，最终达到双方情境匹配，形成共享知识情境，亦即共同知识情境。相比之下，共有知识情境状态下，双方知识处在同样的文化、组织、技术背景下，研发团队和客户的知识情境完全等同，客户创意知识可以很自然地被研发团队所接受。因此，创造共有知识情境成为客户创意知识获取的一种便捷途径，可以避免共同知识情境达成的反复而漫长的过程，直达目标。为了创造共有知识情境，研发团队需要转变观念，不是仅仅将客户视为重要知识来源与合作伙伴，而是直接将客户吸纳进入研发团队并视为平等的一份子，将跨组织的客户创意知识获取行为转变为研发团队内部知识获取与转移过程，从双方的共同知识情境转变为团队内部的共有情境研究。

知识情境激励是指通过改变知识情境要素来影响客户主观意识，目的是促进客户创意知识过程和效果。知识情境激励可以推动双方保持共同意愿，朝着"共同创造"迈进。开展知识情境激励的研发团队，可以从以下三个方面入手：其一，目标激励。通过研发团队与客户之间广泛对话，使双方明确各自的愿景，推动跨组织学习和知识互补。客户更多地了解研发团队创意的根本出发点、确切的知识需求、自身价值等问题，有助于共同意愿的形成。其二，成长激励。随着开放式创新和用户创新的不断普及，越来越多的客户开始参与到企业的研发过程中，在实现经济利益的同时，获得尊重、自我实现等高层次精神需求。在获取客户创意知识时，研发团队需要注意客户精神需求层次，鼓励和引导客户就自身的真正愿望进行反思和对话，从而有针对性地为客户创造实现的理想环境。其三，团队激励。将客户看作研发团队的一部分，与客户共享个人的思想、情感和知识。同时，要求研发团队成员能够包容和接受客户提出的各种观点，充分地挖掘和吸收其中的长处，不断改进研发团队固有心智模式，加快创意知识获取与吸收速度。

8.2.2 利用多主体匿名研讨机制优化获取模型

第4章提出的复杂软件系统研发中客户创意知识获取模型，强调研发团队与客户之间的知识情境交互，明确客户创意知识的需求、类型、性质，力求达到双方知识情境匹配，最终获取客户创意知识内容，支持复杂软件系统创意过程。然而，从复杂问题下群体思维和行为特征来看，复杂软件系统研发中客户创意知识获取模型存在一定的缺陷。

由于成本和精力的限制，该模型主要关注重要客户，即在客户网络中占据重要枢纽位置，以及为研发团队贡献重大创意知识的客户。然而，复杂软件系统创意知识获取是一个复杂性决策过程，受到所有参与者所构成的共同行为的影响和驱动。客户网络中每个客户对问题有不同的看法，其思维、行为和所能提供的知识难免存在不足，并且他们的行为不仅受到自身知识情境的干扰，而且在客户之间相互交流和知识共享的过程中，受到群体行为规律的支配。在基于社会网络的虚拟社区交流中，不同客户的观点与处于控制地位的重要客户的观点往往不大一致，但在群体的压力下就可能屈服、退缩或者修正自己的真实信念，与群体中的大多数保持一致。因此，从客户创意知识获取模型本身看，缺乏给所有行动者一个平等参与的机会，知识获取过程与情境交互过程之间的协同关系在模型上也没有直接体现，缺乏操作性。

基于上述分析，可以使用多主体匿名讨论机制来改进原有模型，平等地考虑所有参与者，与原有模型相比在智能性、开放性、共享性方面优势明显。其关键是要创造一个所有参与者平等对话，具有民主性气氛的环境，但前提是以知识情境交互为基础。多主体匿名讨论机制来改进原有模型具有较强的操作性，不仅引入信息系统手段支持，更在于参与者成员明确且相互机会平等，匿名讨论和知识情境交互步骤清晰，并且相互对应关系清晰。如图8-1所示。

首先，所有参与者包括了全部重要客户、普通客户，以及研发团队中产品经理、需求经理、系统设计师、程序员、测试员、知识工程师，是对原有模型中参与主体细化和扩展。知识情境交互不仅在研发团队与客户成员之间进行，也同时在客户与客户之间，研发团队内部成员之间进行，形成了内外部密集的知识共享状态，增加了网络连接强度，每个参与者更加容易达成对复杂软件系统创意的共同理解。

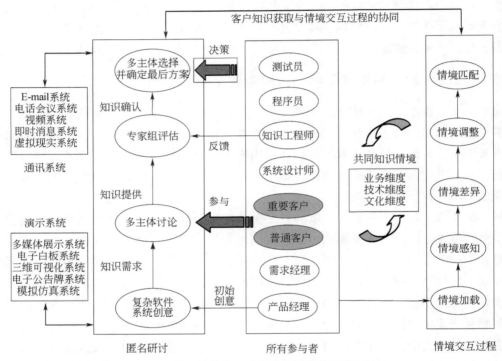

图 8-1　知识情境交互过程中的多主体匿名讨论

其次，所有参与者借助多主体匿名开放式讨论，在沟通过程中获得相对平等的发言地位。开放性特征解除了参与者时间和地域的限制，匿名特征解除了参与者的身份背景限制。特别是在互联网开放性环境中，任何授权参与者可以自由地，围绕一个或几个产品创意主题进行发言、交流、讨论、达成共同理解，形成了创意知识获取的民主性气氛。同时，由于多个参与者可以对定性认识加以集成共享，体现了参与者间的"协商"，形成更为合理的解决方案。

最后，在知识情境交互过程中，所有主体均参加了匿名讨论，能够深刻地反映知识情境交互过程与客户创意知识获取过程的协同关系。根据初始创意，产品经理提出了客户创意知识需求，对应于知识情境加载；随即所有参与者以匿名方式进行多主体讨论，对应知识情境感知；知识工程师组织专家组对讨论结果进行评审，计算知识情境差异，实施知识情境调整；经过多轮以后，根据多主体匿名讨论结果最后方案，情境调整到共同知识情境，达成客户创意知识确认，开始采用各种方法系统性获取。

8.2.3 制订相关配套方案与程序完善激励模型

8.2.3.1 基于客户报酬偏好制订灵活的激励方案

现有知识获取的过程和方法，一般是在多个重要客户之间存在知识竞争与合作关系的情况下，研发团队需要确认每个客户 λ_i^* 的最佳数值，保证客户、研发团队及整个社群的收益最大化，前提是能科学合理地评价不同重要客户的知识产出。在委托代理机制中，知识产出指标是一种双方都明确可观测的指标，通常使用货币来计量。然而，对于复杂软件系统客户创意知识获取过程，仅按照货币方式计量方法过于粗糙，也不符合现场实践的要求。

首先，重要客户对于知识产出的回报要求是多样的，具有不同的偏好，如希望获得一定的经济回报、提高在专业领域圈内的名气和声望、获得将来软件系统购买上的优惠、能够免费获得更多的软件培训机会、参加企业举办的各种行业性会议、成为企业的咨询顾问、更深度的与企业进行交流、与企业建立深厚的个人关系等，甚至有的重要客户，仅因为对复杂软件系统研发或使用本身存在的问题感兴趣，并没有明确目的而积极地贡献自己的创意知识。因此，知识产出需要科学的评价手段，简单货币计算无法准确衡量多样性回报的价值。

其次，研发团队在获取复杂软件系统客户创意知识后，并不能及时实现其经济价值，单纯的货币手段不但会加重研发团队的预算压力，而且也不利于与客户之间可持续性伙伴关系的发展，甚至对正常的客户参与环节，如初步调研、原型测试、系统试运行、后期问题反馈都可能产生负面影响。因此，知识产出合理的评价手段，有助于研发团队与客户之间长期持续的建立信任关系。

8.2.3.2 基于客户创意知识重要度制定激励程序

在管理实践中，研发团队是不可能清楚了解所有客户的知识获取成本、风险规避程度、风险成本大小的，双方采用"逆向选择"方法来共同确认产出指标。

步骤1：研发团队不同小组分别提出各自创意主题并详细定义，提交给知识工程师。知识工程师将各组创意主题列表，规范和明确创意知识需求，并合并相似的知识需求。

步骤2：知识工程师根据个人经验，结合创意知识需求目标，将客户贡献的知识分解为不同的知识条目，进行认真分析比对，然后确认其中的基本知识、冗余知识、竞争性知识类型。

步骤3：研发团队根据知识的不同类型，采用不同的激励策略。研发团队对于客户自身拥有的、或与研发团队深入交互过程中产生的创意知识，属于正常努力程度即可获取，如对专有知识的描述、配合研发人员进行原型测试等，采用中度激励；对于其他重要客户交流后提供的冗余性共享知识，如一般性需求的提出，经常遇到的软件问题的反馈等，由于知识重叠严重，故采取低度激励，目的是维持客户的知识贡献积极性；对于客户通过在自身业务、与团队和其他客户交流过程中提供高价值的新知识，如领先用户对性能算法的改进、业务过程的重构、新设计方案的提出等，则采用高度激励。

在这种模式下，需要研发团队的知识工程师对客户提供的知识进行评估，主要依据是提供的知识类型与创意知识需求的匹配程度，并依此确定重要客户的激励等级。对于同属于高度激励的知识，如果存在冗余性，则仅对首次提交者进行奖励，其余降为中度激励。对于中度激励的知识，若存在冗余性，处理方法亦然，如图8-2所示。

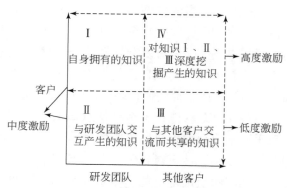

图8-2 知识类型与激励策略的对应关系

步骤4：不同激励措施对应不同的综合分值，例如，低度激励设定为10分、中度激励设定为50分、高度激励设定为100分。当客户对一个创意问题提供的知识中包含4个知识条目，其中含有2个中度激励，1个低度激励，1个高度激励，则此次客户提供创意知识的总激励综合值为210分。

步骤5：不同的综合分值，对应着不同的激励方案，由各种具体的激励手段的组合而成：

$$综合值 = a_1x_1 + a_2x_2 + a_3x_3 + \cdots + a_nx_n$$

每种激励手段需要一定分值。假设100现金奖励为综合值100分，1个企业的咨询顾问头衔为综合值700分，若线性组合中，$a_1 = 1$，$a_6 = 1$，其他参数均为0，则表示包括500元现金和企业咨询顾问头衔，折合为综合分值12000分。

步骤6：客户在综合值达到一定程度时，选择不同的激励方案。不同激励方案既满足了客户的不同偏好需要，也达到了研发团队根据双方都明确的一致性指标进行委托代理激励的根本原则。同时，这种激励方式更重视与企业建立长久的信任关系，鼓励客户长期为研发团队提供创意知识，进而提高客户知识贡献的努力程度。如图8-3所示。

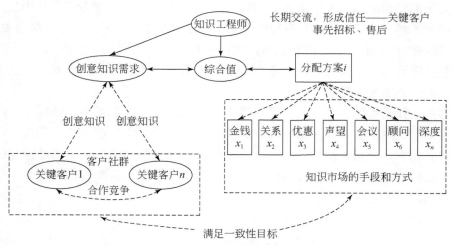

图8-3 综合价值视角下的激励方案

8.3 基于客户创意知识获取方法和影响因素的改进策略

8.3.1 合理选择客户创意知识获取方法

虽然前述不同方法可以获取的客户创意知识类型，但两者之间仅保持一种松散的映射关系，很不明确。对于某种客户创意知识获取方法，可以获取多种不同的客户创意知识；同理，对于某种客户创意知识，也对应着多种获取方法。这种松散映射关系体现了基于情境交互的客户创意知识获取方法集成平台的灵活性，但也造成研发团队选择客户创意知识方法上的困难。

基于这种松散映射关系，可以动态配置达成获取方法在统计意义上的最优化。研发团队获取客户创意知识的过程中，首先了解目前处于复杂软件系统创意的具体阶段，如创意产生阶段、创意形成阶段、创意筛选阶段、创意修正阶段等；其次，客户创意知识包含客户需求、客户组织文化、客户创意、客户使用行为特征、使用偏好和习惯、客户专有知识、管理流程、设计方案知识、客户建议反馈等不同类型；最后，判断知识的主要转化方式，如知识共同化、知识外化、知识内化、知识组合化。

基于上述三个要素，形成以客户创意知识获取方法为因变量的决策函数，记作 $Y = f(c, k, t)$。其中 c 为创意阶段类型，取值 $1 \sim 4$；k 为客户创意知识类型，取值 $1 \sim 9$；t 为知识转化类型，取值 $1 \sim 4$。Y 取值为自然数，是客户创意知识获取具体方法的序列编码。决策函数 $Y = f(c, k, t)$ 将形成不同自变量组合与因变量关系的映射。然而，这个映射具有很强模糊性，原因在于 c 与 k 存在内在决定关系，c 与 t 存在内在决定关系，很难获得函数的拟合规律。因此，可以将 c、k、t 视为一个神经网络的 3 个输入节点，将 Y 视为该网络输出节点，建立 $Y = f(c, k, t)$ 的关系映射。如图 8-4 所示。

为了选择适当的获取方法，研发团队需要在取得客户创意知识过程中，要根据实际情况，收集复杂软件系统的创意阶段、所包含的客户创意知识类型、可能的知识转化方式的相关信息，并记录最终获取客户创意知识所采用的最适当的方法，形成历史数据，将其划分为训练集与检验集，通过数据集学习并建立、验证神经网络内部的隐映射关系。

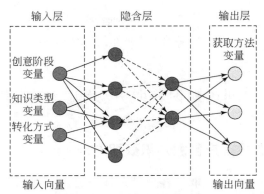

图 8-4　基于神经网络的客户创意知识获取方法选择

在相同创意阶段、客户创意知识类型、知识转化方式下，有可能对应多种客户创意知识获取方法，因此输出结果 Y 应当具有多值特征。考虑到使用频率和成本，假设在相同输入向量背景下，Y 对应研发团队应用最普遍的 3 种获取方法，因此构成 3 个输入向量和 3 个输出向量的网络结构。其中，输出向量中存在 0，表示客户创意知识获取方法不足 3 种。如 $Y = f(1, 3, 1)$，则 Y 取值的输出向量为 $(1, 3, 0)$，仅有两种方法。训练好的神经网络可以帮助研发团队确定在现有情况下，应该采用的最佳客户创意知识获取方法。

8.3.2　积极促进智能性知识获取方法的应用

复杂软件系统研发团队获取客户创意知识时，大多采用的是以人工处理为主的技术工具，如创意工具箱、大规模在线功能试用、人工知识库、呼叫中心、企业社交系统等，智能型工具仅在非常有限范围进行了一些试点。然而，智能型知识获取工作在客户创意知识获取中，其地位将越来越重要。智能型知识获取工具有利于将隐性知识显性化，推动研发团队与客户间创意知识的双向流动，促进共同语言的产生。随着信息技术和智能计算不断融合，知识情境感知技术和语义分析技术的不断成熟，自动采集并整理分类客户创意知识逐步成为可能。作为复杂软件系统研发团队，要在新一轮知识获取技术潮流中取得优势，就必须提早着手智能型知识获取的研究和应用。

首先，要加强智能型知识获取概念和技术的培训。在研发团队角度，将其作为组织学习的重点任务来开展，通过聘请领域专家做讲座、举行技术研讨会、派出学习和进修等方式，要求全体成员扎实掌握和领会。从客户角度，需要深入企业现场，向客户积极推荐，帮助客户建立其日常业务的知识本体，免费培训客户相关的理论和技术工具，强调共同语言的重要性。可以在企业虚拟社区中设立专版，提供免费的工具和教程，吸引有兴趣的客户主动参与。

其次，要将智能型知识获取技术融入研发团队日常开发活动中，形成应用导向。可以在团队内部建立一系列激励机制，鼓励团队成员在获取客户创意知识时，对于采用智能型获取工具建立知识条目的，在业绩考核中赋予更高权重。

最后，将智能型获取技术与其他获取技术集成，如与在线体验系统集成，提升后者知识获取效率和质量。也可以将其与现有复杂软件系统集成，在客户使用软件处理业务时，智能地与客户交互，获取客户更多的创意知识。

8.3.3　加强与外部客户的广泛联系

在客户创意知识获取过程中，复杂软件系统研发团队与众多客户之间构成了一个连接关系复杂的"研发团队–客户"网络，双方密切互动的根本目的是为各自行为主体带来价值提升。研发团队被看作整个网络中的一个节点，与各种不同类型、地理位置的客户建立联系，形成特定的网络结构。研发团队在整个网络中所处的位置，决定了其资源多少和优劣，即能够获取多少，以及何种质量的客户创意知识。因此，研发团队需要广泛地与外部客户建立联系，需要从以下几个方面考虑。

首先，研发团队要加强其他业务部门的客户信息资源共享，特别是来自市场部门和售后服务部门的客户数据。市场部门与客户的关系最为紧密，对客户的显性需求、潜在需求都有详尽调查和分析，了解影响客户满意度和购买意愿的因素，更重要的是市场部门负责系统性开展客户关系管理，掌握了大量现有的，甚至潜在的客户关系资源。售后服务部门负责对客户提出的产品问题进行技术支持，对客户意见进行反馈，掌握了具有直接知识贡献价值的客户资源。因此，有必要在研发团队内部设立客户专员岗位，与市场与售后部门进行沟通和协调，不断地更新客户资源数据，建立面向创意知识获取的客户关系管理，不断地拓展社会关系资源。

其次，复杂软件系统研发团队需要多途径、多渠道地与客户建立关系。通过参加专门领域用户参加全国专业性学术会议、软件交流和推介会，主动与客户建立联系；使用互联网工具，参与专业网络论坛探讨，从活跃参与者中仔细甄别出有意愿、有能力提供创意知识的客户；通过软件试用的机会，亲自拜访客户取得其了解和支持。通过企业内部信息共享、企业外部积极争取，研发团队尽最大努力将现有客户与潜在客户建立联系，提升关系广度，扩展研发团队社会关系资源，才有机会更大范围地获取更多种类、更高质量的客户创意知识。

8.3.4　提升研发团队的信用与美誉度

一般情况下，客户没有向外部提供自身拥有的需求知识、管理流程知识、专有知识的动机，对产品也不会主动给出反馈意见。客户的担心一方面来自于自身知识优势丧失的风险，另一方面担心知识成本无法补偿的风险。这两种风险导致客户面对研发团队的创意知识请求时表现冷漠，客户创意知识获取活动止步不前，团队无法取得对创意产生和改进过程有价值的客户知识。其根本原因是研发团队没有与客户之间产生足够的信任感。为此，需从以下几方面入手。

首先，塑造研发团队良好的组织形象。组织形象对研发团队的社会资本产生重要影响，客户认为组织形象越好则组织越规范、值得信赖，就越乐于和组织之间形成信任感。研发团队成员在深入客户现场调研、与客户进行交流探讨、解决客户技术问题等过程中，其行为代表了研发团队整体组织形象，应该注重个人的行为语言的规范性，体现专业机构应有的水准，提升研发团队在客户心中的形象，获得声誉与口碑，进而提升研发团队外部社会资本存量。

其次，坚守与客户之间的约定，履行企业责任。研发团队需要为客户提供完美的产品和服务，不能为了短期利益，随便向客户许诺。在希望从客户身上获取有价值的知识时，要清楚地说明目的，并约定为客户保密。不能牺牲有意愿与研发团队合作的客户利益，来满足研发团队的知识需求，那么将会使客户对研发团队永远失去信任。研发团队与客户之间存在知识获取的委托代理关系，是一种追求长期利益和双方共赢的过程。随意许诺的条件和回报没有达成，双方关系将蒙上阴影，直至被摧毁，团队外部社会资本也将荡然无存。为了重新建立这种关系，将付出更多成本。

8.3.5　培养双方文化及利益共同性

研发团队与客户之间的共同性，是指双方能对彼此的组织文化背景充分认同，在语言、理解力、价值规范、利益目标之间保持基本一致，彼此协同和平衡。针对现有或潜在客户，研发团队无论是从广度上积极地拓展客户资源，还是从深度上增强客户的关系质量，都必须从共同性出发。

首先，研发团队成员要不断积累专业领域知识，丰富学科背景，弥补与客户交流过程中存在的知识缺口，做好基本功才能在与客户交流的过程中，清楚地理解客户描述的专业领域符号、用语和词义。

其次，研发团队成员要深入客户现场，参与客户的实际业务过程，了解具体的业务流程管理知识，掌握实际工作中必要的操作技能，才能深刻地领会客户言语中未透露的关键点。

再次，研发团队与客户的组织结构和企业文化不同，双方对待问题的想法和思路往往存在较大的差异。客户在自身发展过程中，形成了以特定价值为核心的文化管理模式，并且被每个企业成员所遵循，包括共同意识、价值观、职业道德、行为规范和准则。客户在与研发团队交流过程中，一言一行都深深刻上了企业文化的烙印。因此，研发团队不仅要重视专有领域知识和业务流程知识的获取，更要关注客户的组织文化知识情境。

通过与客户深度访谈、日常拜访、非正式沟通等机会，观察客户的企业历史沿革、现有理念、未来愿景等，观察客户的企业组织结构、管理模式、文化风格，并认真梳理和总结客户的企业价值观。这样不仅能消除研发团队与客户在组织文化知识情境上差异与冲突，形成对问题的共同理解，而且能更好地融合这种差异，形成共同的利益目标、和谐的工作氛围、强大的凝聚力，从而实现双方的良好合作。

8.3.6　创建学习型研发团队

随着客户外部竞争的不断加剧，以及其组织文化、业务流程、技术条件和环境的不断调整，客户创意知识在内涵和外延上发生连续变化和迁移，在客观上要求研发团队对客户状态保持高度关注和持续跟踪，加速吸收和消化现有客户创意知识，不断累积经验曲线，建立学习型组织，才能提升知识获取的能力。研发团队要想转变成为一个学习型团队，就需要切实地评估团队的现有学习情况，并提供资源和条件促使团队成员实现自我导向的学习。

首先，需要建立团队学习制度，建立学习流程的执行标准，将组织学习转变为团队成员的一种责任和义务。学习的实质内容包括通常的专业领域和学科知识，而且包括过去和当前项目或产品经验，历史取得的客户创意知识。研发团队需要结合客户创意知识获取目标和重点任务，制定不同阶段的学习任务和计划，系统化培养和提升团队的学习能力。

其次，通过集中与分散相结合的学习方法，多渠道、多形式开展团队学习。集中式学习强调团队的共同愿景，提升全体成员的学习动机，通过定期举行团队成员交流，交换和讨论所获取的不同客户创意知识，鼓励知识共享行为，加快知识在团队内部的转移和扩散，成为复杂软件系统创意的共同知识基础；分散式学习强调采用每个团队成员积极采用各种知识获取方法，聆听、捕捉和分析客户意见，敏锐地发现其中隐藏的规律和特征，获取客户创意知识。除此以外，应该培养超团队的学习氛围，加强与企业其他业务部门的交流合作，从多源性知识储备和多样性思维模式下，综合企业商业模式、战略规划、技术条件、销售决策，开展协同性学习，深刻理解客户创意知识内涵，提升获取效果。

最后，团队学习需要有必要的反思和梳理，对复杂软件系统创意成功的案例，建立创意案例库，帮助快速复制客户创意知识获取的经验，减少客户创意知识获取付出的成本和时间；对于不成功的案例，要认真进行分析纠错，找到影响获取成功率的主要因素。通过反复不断地学习、反思、总结和改进，研发团队能熟练客户知识获取的步骤和程序，归纳知识获取过程中遇到的实际困难，最终有效地提升客户创意知识获取的效果。

8.3.7　形成研发团队内外部多元激励模式

复杂软件系统模糊前端的客户创意知识获取过程，涉及研发团队内部成员与外部客户两方面的激励。从研发团队成员而言，激励的目的是促进团队成员或者大量提供高质量的系统创意，或者与客户深入交互，获取客户创意知识后应用于创意完善。对客户激励的目的是促进客户提高主动性，愿意与研发团队共享他们的知识，并尽可能带动整个客户社群提供客户创意知识。

对研发团队的员工，可以从多种角度、分层次进行全面激励。第一个层面是物质激励，如增加工资、津贴、奖金、股票、退休金、医疗保险、住房补贴，解决团队成员的生活压力和后顾之忧，使其全身心投入创意工作中。第二个层面是晋升激励，赋予优秀员工一个挑战性更高、所需承担责任更大以及享有职权更多的工作岗位，会刺激员工更积极地投入创造性工作，并且留住有价值的团队成员。第三个层面是机会激励，为团队员工提供更多的培训和学习机会，进行岗位轮换，不断地提升员工专业水平能力。

对于提出系统创意任务的员工（如需求经理），关键是协调成员创意方向与团队创意方向，即使复杂软件系统项目或产品经理的概念化创意，逐层落实成为架构创意、功能创意，最终达成团队上下一致的客户创意知识需求目标与获取动机。管理者可以要求团队成员定期申报个人提出的创意，并在最终创意方案中审计其所占比例，作为激励的依据；对于客户创意知识获取任务的员工（如知识工程师），不仅要考核员工与客户的系统性联系的频率、客户创意知识库中新增条目数量，还有考虑所获取知识的质量，即该员工为最终创意方案提供了多少客户创意知识。实际上，由于复杂软件系统创意过程的复杂性，研发团队员工很多同时接受创意任务的同时，又执行知识获取任务，压力巨大。

然而，这种严格的量化考评在实际执行中有一定困难，需要付出较大的管理监督成本。在这种需要创意和灵感的工作任务下，激励员工的另一个重要手段是给员工宽松的环境，如弹性工作时间、舒适工作环境、自由决定行动，从而激发他们潜在的想象力和创造力。较为明显的例子是，Google 公司总部与其他大公司总部不同，员工可以在公司内打乒乓球、免费按摩、游泳或者在冷饮"吧"里去休息一会儿，工作环境中到处充满了轻松休闲的气氛。然而，正式这种看似休闲的工作状态，使公司员工的创造力得到最大限度的释放。员工不但可以掌控自己的时间，甚至可以决定做什么项目。在项目整体创意框架下，项目主管会支持员工的想法。在遇到不同意见时，项目主管帮助员工分析自身优势，提出建议，最终决定权在员工个人。

对于客户的激励措施从宏观角度上主要有三种。①开放拉动激励，通过完善复杂软件系统研发企业的开放式创新环境，将客户拉入系统研发过程中，将其视为协同创意伙伴，给予专家或者同等员工待遇的激励，把外部客户创意上升到和研发团队内部创意同样重要的地位，均衡协调内部和外部的资源，加快创意从产生到最终成为进入市场的产品的过程。②共生推动激励，复杂系统研发企业以其强大的技术团队和新技术投入为激励，参与到客户自有产品的前端设计中，将其视为协同生意伙伴，共同面对用户。研发团队需要帮助客户增值，以利益驱动企业与客户的长期合作，实现"共生""共赢"。③独立回馈激励，研发团队在复杂软件系统开发中，通过正式或非正式沟通渠道，请求客户提供支持系统创意的相关知识。与前两种形式相比，接受独立回馈激励的研发团队与客户的关系较为松散，没有协议或契约的约束，其激励方法具有多元性特征。为了促使客户积极提供创意知识，研发团队最直接的方法是按照客户知识贡献程度给予对方一定数量的货币性酬劳。然而，并不是所有客户都仅看重物质回报，有些客户更渴望得到知名企业的认可，或者提高个人在整个行业中的声望和名誉；有些客户则重视研发团队能够为自身解决实际面临的难题，获得服务中的某些"优先权"，进而取得与同行竞争中的优势；还有些客户从学术或技术兴趣角度，非常乐意聆听研发团队新的系统创意，并为此提供详细的创意知识，甚至提供免费的服务。因此，研发团队要根据客户的不同心理特征和回报需要，分门别类地制定激励措施，形成不同客户的个性化激励策略。

8.4　本　章　小　结

本章在第 3~6 章基础上，提出了复杂软件系统客户创意知识获取的改进策略和建议。首先，从复杂软件系统客户创意知识分析与重要客户识别角度，提出加强客户创意知识的团队协同分析、设立知识工程师的专业性管理岗位、建立基于动态分类的客户管理机制等改进策略；从复杂软件系统客户创意知识获取的情境交互与模型角度，提出了提升知识情境管理层次和水平、制定多主体匿名讨论机制优化获取模型，以及实施相关配套方案与程序完善激励模型。其次，从复杂软件系统客户创意知识获取的方法和影响因素的角度，提出科学选择客户创意知识获取方法、加强与外部客户的广泛联系、提升研发团队的信用与美誉度、培养双方文化及利益共同性、创建学习型团队、形成研发团队内外部多元激励等改进策略。

通过本章提出的复杂软件系统客户创意知识获取改进策略，能够帮助研发团队更快速地发现客户创意知识，识别重要客户来源，优化客户创意知识获取的相关模型和方法、合理提升各种影响因素的影响效果，推动客户创意知识获取的实践活动开展，进一步支持复杂软件系统创意从产生到完善的全过程。

参 考 文 献

安世虎，贺宾．2006. KMS 中用户知识共享行为模型的构建．计算机工程与设计，27（21）：4081-4083.

曹文杰，陈耸，邝光明．2010. 基于网络视角的高科技集群企业知识获取模式转变研究．企业活力，（6）：5-7.

陈国权，马萌．2001. 组织学习的模型、案例与实施方法研究．中国管理科学，9（04）：66-75.

陈国权．2003. 人的知识来源模型以及获取和传递知识过程的管理．中国管理科学，11（06）：87-95.

陈国权．2009. 组织学习和学习型组织：概念、能力模型、测量及对绩效的影响．管理评论，21（01）：107-116.

陈佳贵．2001. 我国大型企业集团形成模式的选择．经济管理，（24）：4-9.

陈劲，陈钰芬．2006. 开放创新体系与企业技术创新资源配置．科研管理，27（3）：1-8.

陈铭，王英林．2006. 基于本体的按需知识管理系统研究与实现．计算机仿真，23（01）：236-240.

陈士俊，杨钊．2008. 知识管理视角下软件开发团队的信任机制研究．北京理工大学学报（社会科学版），10（6）：62-66.

陈伟，付振通．2013. 复杂产品系统创新中知识获取关键影响因素研究．情报理论与实践，36（03）：62-67.

陈羽．2012. 驱动市场导向、顾客知识获取与产品创新绩效的关系研究．华南理工大学.

丁炜．2006. 知识复杂性之考察．广西师范大学学报（哲学社会科学版），42（1）：90-94.

丁振国，宋薇，李婧．2013. 基于序列模式挖掘的社交网络用户行为分析．现代情报，（03）：56-60.

范钧．2011. 社会资本对 KIBS 中小企业客户知识获取和创新绩效的影响研究．软科学，25（1）：85-90.

范少萍，郑春厚．2011. 行为心理视阈下基于知识网格技术的用户知识获取模式构建．山东图书馆学刊，（3）：82-87.

高开周，包振强，李相清，等．2008. 基于情境树的组织外部知识可获取性研究．扬州大学学报（自然科学版），11（2）：65-69.

高展军，江旭．2011. 企业家导向对企业间知识获取的影响研究——基于企业间社会资本的调节效应分析．科学学研究，29（02）：257-267.

郭京京，俞里平．2008. IT 工具功能属性对显性知识与隐性知识传递效果的影响研究．西安电子科技大学学报（社会科学版），18（04）：30-39.

郭磊磊，刘平．2010. CKM 中交互客户知识的获取研究．现代情报，30（6）：164-166.

郭树行，兰雨晴，金茂忠，等．2008. 基于情境树相似性的知识检索技术．计算机集成制造系统，14（12）：2476-2483，2491.

何忠秀，王霜，杜亚军．2010．基于 Web 的多渠道用户需求知识获取框架研究．计算机技术与发展，20（4）：124-127．

侯杰泰，温忠麟，成子娟．2004．AMOS 与研究方法．北京：教育科学出版社：25-138．

黄新，徐小娟，徐国梁．2005．基于本体的知识管理系统研究．科学技术与工程，5（6）：351-356．

黄亦潇，邵培基．2005．客户知识价值度量方法及其变化趋势研究．科学学研究，23（12）：217-221．

姜娉娉，黄克正，黄宝香．2005．产品概念创新设计中的知识获取．制造技术与机床，（6）：37-39．

蒋雯，郑时雄．2004．工业设计概念创意知识模型．计算机应用，24（4）：52-54．

柯江林，孙健敏，石金涛，等．2007．企业 R&D 团队之社会资本与团队效能关系的实证研究——以知识分享与知识整合为中介变量．管理世界，（03）：89-101．

乐承毅，代风，吉祥，等．2010．基于流程驱动的领域知识主动推送研究．计算机集成制造系统，16（12）：2720-2727．

李纲．2008．知识获取、共享与产品创新的关系研究——一个基于企业文化特征的分析框架．科技管理研究，28（07）：288-291．

李海刚，尹万岭．2009．面向新产品开发领域知识表示方法的比较研究．科学学研究，27（02）：176-179．

李景峰，刘宗凯．2010．场效应理论下的企业知识转移．情报科学，（11）：1612-1615．

李凯煌．2011．创意文化与艺术创造．美术观察，（6）：110．

李玲，党兴华，贾卫峰．2008．网络嵌入性对知识有效获取的影响研究．科学学与科学技术管理，29（12）：97-100．

李万军．2004．客户知识及管理理论研究．长春：吉林大学．

李支东，章仁俊．2010．产品创新前端创意的形成：基于全员参与的系统模式．科技进步与对策，27（20）：48-52．

李自杰，李毅，郑艺．2010．信任对知识获取的影响机制．管理世界，（8）：179-180．

林向义，罗洪云，纪锋，等．2013．企业开放式创新中外部知识获取能力评价．技术经济，32（7）：18-23．

凌卫青，赵艾萍，谢友柏．2002．基于实例的产品设计知识获取方法及实现．计算机辅助设计与图形学学报，14（11）：1014-1019．

刘洪辉，吴岳芬．2006．用户行为模式挖掘问题的研究．计算机技术与发展，16（05）：50-52．

刘锦英．2007．知识获取模式研究．科技进步与对策，24（8）：149-152．

刘丽华，徐济超．2010．国内外实践社区理论研究综述．情报杂志，29（10）：64-67．

刘婷，郭海．2013．渠道情境下企业间社会资本对知识获取的影响——基于权变视角的研究．科学学研究，31（01）：115-122．

刘彤，时艳琴．2010．基于社会网络分析的专家知识地图应用研究．情报理论与实践，33（3）：

68-71.

刘勇军，聂规划 . 2006. 基于 . Net Web Service 的知识管理系统的实现 . 武汉理工大学学报（信息与管理工程版），28（3）：44-46.

刘征，鲁娜，孙凌云 . 2011. 基于知识流的产品创意知识获取方法 . 计算机集成制造系统，17（1）：10-17.

龙勇，李忠云，张宗益，等 . 2005. 技能型战略联盟合作效应与知识获取、学习能力实证研究 . 系统工程理论与实践，25（09）：1-7.

卢林兰，李明 . 2007. 利用 ontology 实现的多库知识获取方法 . 计算机工程与设计，28（15）：3731-3733.

马费成，王晓光 . 2006. 知识转移的社会网络模型研究 . 江西社会科学，（07）：38-44.

马捷，靖继鹏 . 2006. 论虚拟现实技术在获取企业专家隐性技术知识中的作用 . 图书情报工作，50（10）：93-96.

马捷 . 2007. 运用"出声思考法"获取企业专家决策过程中的隐性知识 . 情报科学，25（06）：944-948.

马庆国 . 2002. 管理统计：数据获取、统计原理、SPSS 工具与应用研究 . 北京：科学出版社：316-320.

潘巧明 . 2008. 探索基于信息技术的隐性知识传播模式 . 远程教育杂志，（6）：45-47.

潘旭伟，顾新建，邱进冬，等 . 2003. 知识管理工具 . 中国机械工程，14（05）：59-63.

彭灿，李金蹊 . 2011. 团队外部社会资本对团队学习能力的影响——以企业研发团队为样本的实证研究 . 科学学研究，29（09）：1374-1381.

齐丽云，汪克夷，马振中 . 2009. 客户知识管理对企业绩效影响的实证研究：一个基于客户响应能力的视角 . 中国软科学，（09）：128-137.

祁红梅，黄瑞华 . 2008. 影响知识转移绩效的组织情境因素及动机机制实证研究 . 研究与发展管理，20（2）：58-63.

秦亚欧，李思琪 . 2011. 虚拟现实技术在隐性知识转化中的应用 . 情报科学，（12）：777-1780.

沈琦 . 1992. 知识获取的螺旋式模式 . 计算机工程，（2）：15-18.

盛亚，尹宝兴 . 2009. 复杂产品系统创新的利益相关者作用机理：ERP 为例 . 科学学研究，27（1）：154-160.

施星国，张丹，包振强 . 2009. 基于知识情境的知识重用与创新机制研究 . 管理工程学报，23（2）：7-10.

石中英 . 2001. 知识性质的转变与教育改革 . 清华大学教育研究，（02）：29-36.

宋刚，张楠 . 2009. 创新 2.0：知识社会环境下的创新民主化 . 中国软科学，（10）：60-66.

宋李俊，周康渠，梁湄 . 2009. 客户协同产品创新中的知识流动与组织管理 . 科技管理研究，29（12）：271-273.

苏竣，阎杰，林森 . 2001. 软件开发国际合作模式研究 . 科学学研究，19（2）：96-99.

孙斌，蔡华，陈君君 . 2009. 创意企业内外部知识共享与创新整合发展机制 . 经济与管理研究，

（4）：105-109.

孙斌，蔡华，陈君君．2010. 创意企业知识转化及影响因素．情报理论与实践，33（1）：63-66.

覃京燕，房巍，陶晋．2007. 基于虚拟体验的交互设计方法初探．2007. 第三届和谐人机环境联合学术会议（HHME2007）论文集．中国山东济南：7-17.

汤超颖，邹会菊．2012. 基于人际交流的知识网络对研发团队创造力的影响．管理评论，24（04）：94-100.

王炳飞，王劲林，刘学．2011. 视频点播系统中的用户行为时序模型和聚类．小型微型计算机系统，（05）：867-870.

王光宏，蒋平．2004. 数据挖掘综述．同济大学学报（自然科学版），（02）：246-252.

王怀芹，刘友华．2011. SNS 环境下企业客户知识获取模式研究．现代情报，31（6）：21-24.

王江．2008. 企业隐性知识及其开发．工业工程与管理，13（3）：85-89.

王静，杨育，王伟立．2009. 客户协同创新实现机理及应用研究．科技进步与对策，26（13）：1-4.

王立生．2007. 社会资本、吸收能力对知识获取和创新绩效的影响研究．杭州：浙江大学．

王卫东，王英林．2004. 基于企业概念本体的 Web 知识获取．计算机工程与应用，40（16）：191-196.

王小磊，杨育，杨洁，等．2010. 协同产品创新设计中客户知识的识别与应用．重庆大学学报，32（02）：51-56.

王学东，赵文军．2008. 基于知识转移的客户知识网络管理研究．情报科学，（10）：1471-1476.

王燕，申元霞，陶春梅．2009. 面向领域的数据驱动自主式知识获取模型及实现．重庆邮电大学学报（自然科学版），21（04）：502-506.

王英林，王卫东，王宗江．2003. 基于本体的可重构知识管理平台．计算机集成制造系统-CIMS，9（12）：1136-1144.

王众托．2007. 无处不在的网络社会中的知识网络．信息系统学报，1（1）：1-7.

王众托．2011. 知识系统工程与现代科学技术体系．上海理工大学学报，33（6）：613-630.

韦于莉．2004. 知识获取研究．情报杂志，23（04）：41-43.

魏红梅，鞠晓峰．2009. 基于委托代理理论的企业型客户知识共享激励机制研究．第十一届中国管理科学学术年会论文集．中国四川成都：第十一届中国管理科学学术年会：478-484.

温忠麟，张雷，侯杰泰，等．2004. 中介效应检验程序及其应用．心理学报，36（05）：614-620.

吴晓冰．2009. 集群企业创新网络特征、知识获取及创新绩效关系研究．杭州：浙江大学．

吴讯，马媛．2011. 复杂软件需求开发方法研究．微计算机信息，11（5）：3-5.

吴亚玲．2007. 全球制造网络中企业 IT 能力对知识获取的影响研究．杭州：浙江大学．

夏火松．2005. 基于 XML 的知识获取与共享 CRM 模型研究．情报杂志，24（05）：44-46.

辛文卿．2010. 知识转移过程中的社会互动与情境转换分析．情报杂志，（S2）：162-164.

邢青松，杨育，刘爱军，等．2012. 知识网格环境下客户协同产品创新知识共享研究．中国机械工程，23（23）：2817-2824.

徐冯璐．2010. 国有银行双重业务下委托代理模型研究．改革与战略,（03）：80-85.

徐金发,许强,顾惊雷．2003. 企业知识转移的情境分析模型．科研管理, 24（02）：54-60.

徐泽水,孙在东．2001. 一种基于方案满意度的不确定多属性决策方法．系统工程,（03）：76-79.

亚里士多德．2003. 形而上学．北京：中国人民大学出版社：25.

杨波,刘伟．2011. 基于应用扩展和网络论坛的领先用户识别方法研究．管理学报, 8（9）：1353-1358.

杨嵘,李志远,马潇．2012. 组织学习对客户知识获取能力的作用机制研究．经济研究参考,（59）：88-91.

杨瑞明,叶金福,邹艳．2010. 团队社会网络对团队知识共享作用机制的实证研究．情报理论与实践, 33（02）：68-72.

杨志刚,吴贵生．2003. 复杂产品的创新及其管理．研究与发展管理, 15（3）：32-37.

杨中华,涂静,庄芳丽．2009. 基于核心企业的产业集群外部知识获取研究．情报杂志, 28（5）：126-129, 146.

余芳珍．2006. 新产品开发模糊前端创意管理模型框架及实证分析——基于全面创新管理的全要素角度．管理学报, 3（5）：573-579.

余光胜,刘卫,唐郁．2006. 知识属性、情境依赖与默会知识共享条件研究．研究与发展管理, 18（6）：23-29.

袁静,郑春东．2003. 组织知识需求的诱发与知识需求管理．科学管理研究, 21（05）：98-101.

袁维新．2004. 概念图：一种促进知识建构的学习策略．学科教育,（2）：39-44.

袁文勤,王直杰,张珏,等．2005. 基于本体的企业网络知识管理系统的构建与实现．微计算机信息, 21（12）：1-3.

岳忱瑞,冼宁,汤彤彤．2010. 论设计的创意思维与表现．2010. 沈阳：第七届科学学术年会暨浑南高新技术产业发展论坛文集：818-821.

张方华．2006. 知识型企业的社会资本与知识获取关系研究——基于 BP 神经网络模型的实证分析．科学学研究, 24（1）：106-111.

张会平,周宁,陈勇跃．2007. 概念图在知识组织中的应用研究．情报科学, 25（10）：1570-1574.

张建华．2009. 基于知识链的企业知识创新研究．情报杂志, 28（8）：130-133.

张静．2011. 基于情境感知的自适应个性化知识服务研究．情报科学, 29（11）：1658-1661.

张磊,谢强．2005. 基于业务过程的知识需求．吉林大学学报（信息科学版）, 20（06）：113-118.

张庆华,付金龙, 2013. 王磊．高校核心竞争力提升过程中的知识整合研究．科技管理研究,（23）：182-186.

张庆华,付金龙,郑雪峰．2012. 高校经管类自主式实验教学环境下的知识获取模式研究．商场现代化,（10）：103-104.

张庆华,彭晓英, 2014. 杨姝．开放式创新环境下的企业知识服务体系研究．科技管理研究,

（19）：133-136.

张庆华，张庆普．2011．基于用户创新模式的企业知识管理系统研究．情报杂志，30（06）：126-129.

张庆华，张庆普．2013．复杂软件系统客户创意知识分析与获取研究．科学学研究，31（05）：693-701.

张庆普，李志超．2002．企业隐性知识的特征与管理．经济理论与经济管理，（11）：47-50.

张若勇，刘新梅，王海珍．2008．服务氛围对顾客知识获取影响路径的实证研究．科学学研究，26（02）：350-357.

张晓棠，荆心．2012．强联结对企业知识获取绩效的影响研究——社会资本的视角．价值工程，31（05）：118-119.

张星，蔡淑琴，夏火松．2011．基于社会网络的企业知识管理系统框架研究．现代图书情报技术，（05）：36-41.

张旭梅，陈伟．2009．供应链企业间基于信任的知识获取和合作绩效实证研究．科技管理研究，29（02）：174-176.

张友生．2003．基于 RUP 的软件过程及应用．计算机工程与应用，（30）：104-107.

赵国庆，张璐．2009．应用概念图诱出专家知识——概念图应用的新领域．开放教育研究，15（02）：56-60.

郑东霞，肖洁，曹玉琳．2011．基于本体的语义 Web 中知识获取技术研究．长春师范学院学报，30（2）：49-52.

周华，韩伯棠．2009．基于技术距离的知识溢出模型应用研究．科学学与科学技术管理，30（07）：111-116.

周美玉，李倩．2011．神经网络在产品感性设计中的应用．东华大学学报（自然科学版），（04）：509-513.

周翼，张晓冬，郭波．2010．面向产品创新设计的网络知识获取及挖掘．现代制造工程，（06）：20-23.

左美云，许珂，陈禹．2003．企业知识管理的内容框架研究．中国人民大学学报，（05）：69-76.

Bagozzi R P, Yi Y. 1988. On the evaluation of structural equation models. Journal of the Academy of Marketing Science, 16（1）：74-94.

Barthel R, Ainsworth S, Sharples M. 2013. Collaborative knowledge building with shared video representations. International Journal of Human-Computer Studies, 71（1）：59-75.

Becerra-Fernandez I. 2000. The role of artificial intelligence technologies in the implementation of people-finder knowledge management systems. Knowledge-Based Systems, 13（5）：315-320.

Bercovitz J, Feldman M. 2011. The mechanisms of collaboration in inventive teams: Composition, social networks, and geography. Research Policy, 40（1）：81-93.

Bernard L S. 1999. Ambiguity and the process of knowledge transfer in strategic alliances. Strategic Management Journal, 20（7）：595-623.

Burt R S, Kilduff M, Tasselli S. 2013. Social network analysis: Foundations and frontiers on advantage. Annual Review of Psychology, 64: 527-547.

Choi Y S. 2000. http: //digitalcommons. unl. edu/dissertations/AAI9991981.

Chong-Moon Lee W F M. 2000. The Silicon Valley Edge: A Habitat for Innovation and Entrepreneurship. Stanford: Stanford University Press: 218-247.

Cohen W M, Leointhal D A. 1990. Absorptive capacity: A new perspective on learning and innovation. Administrative Science Quarterly, (35): 128-152.

Corss R. 2000. technology is not enough: Improving performance by building organizational memory. Sloan Management Reviews, 41 (3): 62-78.

Crawford B, Barra C L. 2007. Enhancing Creativity in Agile Software Teams. 2007. Agile Processes in Software Engineering and Extreme Programming: 161-162.

Cummings J L, Teng B S. 2003. Transferring R&D knowledge: the key factors affecting knowledge transfer success. Journal of Engineering & Technology Management, 20 (s 1-2): 39-68.

Curtis B. 1988. A field study of the software design process for large systems. Communications of the ACM, 31 (11): 1268-1287.

Dahan E, Srinivasan V. 2000. The predictive power of internet-based product concept testing using visual depiction and animation. Journal of Product Innovation Management, 17 (2): 99-109.

Dayan M, Di Benedetto C A. 2010. The impact of structural and contextual factors on trust formation in product development teams. Industrial Marketing Management, 39 (4): 691-703.

Dey A K. 2001. Understanding and using context. Personal and Ubiquitous Computing, 5 (1): 4-7.

Edmondson A C, Winslow A B, Bohmer R M, et al. 2003. Learning how and learning what: Effects of tacit and codified knowledge on performance improvement following technology adoption. Decision Sciences, 34 (2): 197-224.

Enkel E, Gassmann O, Chesbrough H. 2009. Open R&D and open innovation: exploring the phenomenon. R&D Management, 39 (4): 311-316.

Eric W. K T. 1999. The knowledge transfer and learning aspects of international HRM: An empirical study of Singapore MNCs. International Business Review, 8 (5): 591-609.

Farid-Foad. 1993. Managing for creativity and innovation in A/E/C organizations. Journal of Management in Engineering: American Society of Civil Engineers, 9 (4): 399-409.

Feiler P G R P. 2006. Ultra- large- scale system: The software challenge of the future. http: // www. sei. cmu. edu/uls/.

Fu R, Yue X, Song M, et al. 2008. An architecture of knowledge management system based on agent and ontology. The Journal of China Universities of Posts and Telecommunications, 15 (4): 126-130.

Gabriel R P, Northrop L, Schmidt D C, et al. 2006. Ultra- large- scale systems. 2006. Portland, Oregon, USA: The 21st ACM SIGPLAN symposium on Object- oriented programming systems, languages, and applications: 632-634.

Gabriel S. 1996. Exploring internal stickiness: Impediments to the transfer of best practice within the firm. Strategic Management Journal, 1996 (17): 27-43.

Gebert H, Geib M, Kolbe L, et al. 2002. Towards customer knowledge management. 2002. Proceedings of the 2nd International Conference on Electronic Business (ICEB 2002): 296-298.

Gomes P, Pereira F C, Bento C, et al. 2001. Using analogical reasoning to promote creativity in software reuse. 2001. The Fourth International Conference on Case-Based Reasoning: 152-158.

Green T R G, Davies S P, Gilmore D J. 1996. Delivering cognitive psychology to HCI: The problems of common language and of knowledge transfer. Interacting with Computers, 8 (1): 89-111.

Gruber T R. 1993. A translation approach to portable ontology specifications. Knowledge Acquisition, 5 (2): 199-220.

Han K H, Park J W. 2009. Process-centered knowledge model and enterprise ontology for the development of knowledge management system. Expert Systems with Applications, 36 (4): 7441-7447.

Hansen K L, Rush H. 1998. Hotspots in complex product systems: Emerging issues in innovation management. Technovation, 18 (8): 555-590.

He W, Qiao Q, Wei K. 2009. Social relationship and its role in knowledge management systems usage. Information & Management, 46 (3): 175-180.

Heath T, Enrico M. 2008. Ease of interaction plus ease of integration: Combining Web 2.0 and the Semantic Web in a reviewing site. Web Semantics: Science, Services and Agents on the World Wide Web, 6 (1): 76-83.

Henttonen K. 2010. Exploring social networks on the team level—A review of the empirical literature. Journal of Engineering and Technology Management, 27 (1): 74-109.

Holland J H. 2002. Complex adaptive systems and spontaneous emergence. Complexity and Industrial Clusters. Springer: 25-34.

Huang C. 2009. Knowledge sharing and group cohesiveness on performance: An empirical study of technology R& D teams in Taiwan. Technovation, 29 (11): 786-797.

I B. 2000. The role of artificial intelligence technologies in the implementation of People-Finder knowledge management systems. Knowledge-Based Systems, 13 (5): 315-320.

Ikujiro N, Hirotaka T. 1996. The knowledge creating company: How Japanese companies create the dynamics of innovation. Long Range Planning, 29 (4): 592.

Inah Omoronyia J F. 2010. A review of awareness in distributed collaborative software engineering. Software—Practice & Experience, 40 (2): 1107-1133.

Inkpen A C. 2000. Learning through joint ventures: A vramework of knowledge acquisition. Journal of Management Studies, 37 (7): 1019-1044.

Jackson M. 1997. The meaning of requirements. Annals of Software Engineering, 3 (1): 5-21.

Jacobson I, Palmkvist K, Dyrhage S. 1995. Systems of interconnected systems. Report on Object-

Oriented Analysis and Design (ROAD), 2 (1): 19-30.

Jason J. J. 2009. Knowledge distribution via shared context between blog- based knowledge management systems: A case study of collaborative tagging. Expert Systems with Applications, 36 (7): 10627-10633.

Jeffrey L Cummings B T. 2003. Transferring R&D knowledge: The key factors affecting knowledge transfer success. Journal of Engineering and Technology Management, 20 (1): 39-68.

Jeppesen L B. 2005. User toolkits for innovation: Consumers support each other. Journal of Product Innovation Management, 22 (4): 347-362.

Jessup R K. 2009. Transfer of high domain knowledge to a similar domain. The American Journal of Psychology, 122 (1): 63-73.

Ji Zhang B H C. 2006. Model- based development of dynamically adaptive software. 2006. The 28th International Conference on Software Engineering: 371-380.

Jones M C, Cline M, Ryan S. 2006. Exploring knowledge sharing in ERP implementation: An organizational culture framework. Decision Support Systems, 41 (2): 411-434.

Joshi K D, Sarker S. 2007. Knowledge transfer within information systems development teams: Examining the role of knowledge source attributes. Decision Support Systems, 43 (2): 322-335.

Kijkuit B, Ende J V D. 2010. With a Little Help from Our Colleagues: A Longitudinal Study of Social Networks for Innovation. Organization Studies, 31 (4): 451-479.

Kitchenham B. 2010. What's up with software metrics? A preliminary mapping study. Journal of Systems and Software, 83 (1): 37-51.

Klitmøller A, Lauring J. 2013. When global virtual teams share knowledge: Media richness, cultural difference and language commonality. Journal of World Business, 48 (3): 398-406.

Kozbelt A, Beghetto R A, Runco M A. 2010. Theories of creativity. The Cambridge Handbook of Creativity: 20-47.

Kratzer J, Leenders R T A J, Van Engelen J M L. 2010. The social network among engineering design teams and their creativity: A case study among teams in two product development programs. International Journal of Project Management, 28 (5): 428-436.

Lahti R K B. 2000. Knowledge transfer and management consulting: A look at the firm. Business Horizons, 43 (1): 66.

Lee C M, Miller W F, Hancock M G, et al. 2000. The Silicon Valley Edge: A Habitat for Innovation and Entrepreneurship. Library Journal, 126 (1): 127-128.

Lemon M, Sahota P S. 2004. Organizational culture as a knowledge repository for increased innovative capacity. Technovation, 24 (6): 483-498.

Li X L Z Z. 2009. Research challenges and solutions for the knowledge overload with dataMining. 2009 International Joint Conference on Artificial Intelligence Proceedings: 237-240.

Likoebe M. Maruping V V R A. 2009. A control theory perspective on agile methodology use and changing user requirements. Information Systems Research, 20 (3): 377-399.

Lina C. 2003. Knowledge mapping in knowledge management at enterprises. Library and Information Service, (8): 58-60.

Lynskey M J. 2001. Technological distance, spatial distance and sources of knowledge: Japanese new entrants in new biotechnology. Research on Technological Innovation, Management and Policy, 2001 (7): 127-205.

Madsen T L, Mosakowski E, Zaheer S. 2003. Knowledge retention and personnel mobility: The nondisruptive effects of inflows of experience. Organization Science, 14 (2): 173-191.

Mike H. 1998. Product complexity, innovation and industrial organisation. Research Policy, 26 (6): 689-710.

Moreland R L, Argote L, Krishnan R. 1996. Socially shared cognition at work: Transactive memory and group performance J. L. nye&A. m. bower Whats. 1996: 57-84.

Morrison P D, Roberts J H, Midgley D F. 2004. The nature of lead users and measurement of leading edge status. Research Policy, 33 (2): 351-362.

Murphy G, Salomone S. 2012. Using social media to facilitate knowledge transfer in complex engineering environments: a primer for educators. European Journal of Engineering Education, 38 (1): 70-84.

Myrna Gilbert M C. 1996. Understanding the process of knowledge transfer to achieve successful technological innovation. Technovation, 16 (6): 301-312.

Nahapiet J, Ghoshal S. 1998. Social capital, intellectual capital, and the organizational advantage. Academy of Management Review, 23 (2): 242-266.

Nerkar A, Paruchuri S. 2008. Evolution of R&D capabilities: The role of knowledge networks within a firm. Management Science, 51 (5): 771-785.

Nonaka I, Peltokorpi V. 2006. Knowledge- based view of radical innovation: Toyota prius case. innovation, science, and institutional change: A Research Handbook: 88-104.

Nonaka I, Toyama R, Konno N. 2000. SECI, Ba and leadership: A unified model of dynamic knowledge creation. Long Range Planning, 33 (1): 5-34.

Nonaka I, Toyama R, Nagata A. 2000. A firm as a knowledge-creating entity: A New perspective on the theory of the firm. Industrial and Corporate Change, 9 (1): 1-20.

Norman D A. 1986. Cognitive engineering. User Centered System Design: 31-61.

Nov O, Jones M. 2005. Creativity, knowledge and IS: A critical view. System Sciences, 2005. HICSS 05. Proceedings of the 38th Annual Hawaii International Conference: 44b.

Panteli N, Sockalingam S. 2005. Trust and conflict within virtual inter- organizational alliances: A framework for facilitating knowledge sharing. Decision Support Systems, 39 (4): 599-617.

Parkinson B, Hudson P. 2002. Extending the learning experience using the Web and a knowledge-based virtual environment. Computers & Education, 38 (1): 95-102.

Petruzzelli A M, Albino V, Carbonara N. 2009. External knowledge sources and proximity. Journal of

Knowledge Management, 13 (5): 301-318.

Polanyi M. 1966. The Tacit Dimension. London: Routledge & KeganPaul: 2-3.

Presutti M, Boari C, Fratocchi L. 2007. Knowledge acquisition and the foreign development of high-tech start-ups: A social capital approach. International Business Review, 16 (1): 23-46.

Reed R D R. 1990. Causal ambiguity, barriers to imitation, and sustainable competitive advantage. Academy of Management Review, 15 (1): 88-102.

Ren Y, Yeo K. 2006. Research Challenges On Complex Product Systems (CoPS) Innovation. Journal of the Chinese Institute of Industrial Engineers, 23 (6): 519-529.

Rezayat M. 2000. Knowledge-based product development using XML and KCs. Computer-Aided Design, 32 (5-6): 299-309.

Richter M M. 2009. The search for knowledge, contexts, and Case-Based Reasoning. Engineering Applications of Artificial Intelligence, 22 (1): 3-9.

Rizzello S. 2004. Knowledge as a path-dependence process. Journal of Bioeconomics, 6 (3): 255-274.

Robert M G. 1996. Prospering in dynamically-competitive environments: Organizational capability as knowledge integration. Organization Science, 7 (4): 375-387.

Saaty T L, Begicevic N. 2012. The analytic hierarchy process applied to complexity. International Journal of Economics and Business Research, 4 (3): 266-283.

Shaw M J, Subramaniam C, Tan G W, et al. 2001. Knowledge management and data mining for marketing. Decision Support Systems, 31 (1): 127-137.

Sieloff C G. 1999. "If only HP knew what HP knows": the roots of knowledge management at Hewlett-Packard. Journal of Knowledge Management, 3 (1): 47-53.

Simon F, Tellier A. 2011. How do actors shape social networks during the process of new product development? European Management Journal, 29 (5): 414-430.

Simonin B L. 1999. Ambiguity and the process of knowledge transfer in strategic alliances. Strategic Management Journal, 20 (7): 595-623.

Sommerville I, Cliff D, Calinescu R, et al. 2012. Large-scale complex IT systems. Communications of the ACM, 55 (7): 71-77.

Stein A, Smith M. 2009. CRM systems and organizational learning: An exploration of the relationship between CRM effectiveness and the customer information orientation of the firm in industrial markets. Industrial Marketing Management, 38 (2): 198-206.

Szulanski G. 1996. Exploring internal stickiness: Impediments to the transfer of best practice within the firm. Strategic Management Journal, 17 (S2): 27-43.

Szulanski G. 2000. The process of knowledge transfer: A diachronic analysis of stickiness. Organizational Behavior and Human Decision Processes, 82 (1): 9-27.

Teece D J. 1998. Research Directions for knowledge management. California Management Review, 40 (3): 289-292.

Teece D J. 2003. Capturing value from knowledge assets: the new economy, markets for know-how and intangible assets. Essays on Technology Management and Policy: 47-75.

Tsang E W K. 1999. The knowledge transfer and learning aspects of international HRM: an empirical study of Singapore MNCs. International Business Review, 8 (s 5-6): 591-609.

Tserng H P, Lin Y C. 2004. Developing an activity-based knowledge management system for contractors. Automation in Construction, 13 (6): 781-802.

Van den Ende B K J. 2010. With a little help from our colleagues: A longitudinal study of social networks for innovation. Organization Studies, 31 (4): 451-479.

Von Hippel E, Katz R. 2002. Shifting innovation to users via toolkits. Management Science, 48 (7): 821-833.

Von Hippel E. 2001. Learning from open-source software. MIT Sloan Management Review, 42 (4): 82-86.

Von Hippel G L U A. 1988. Lead user analyses for the development of new industrial products. Management Science, 34 (5): 569-582.

Wansink B. 2005. Consumer profiling and the new product development toolbox: A commentary on van Kleef, van Trijp, and Luning. Food Quality and Preference, 16 (3): 217-221.

Wayland R R E, Cole P P M. 1997. Customer Connections: New Strategies for Growth. Harvard: Harvard Business Press: 97-110.

Weisberg R. 1999. Genius and madness? A Quasi-Experimental Test of the Hypothesis That Manic-Depression Increases Creativity. Psy. Science, 5 (6): 361-367.

Wenger E. 2010. Communities of Practice and Social Learning Systems: the Career of a Concept. Social Learning Systems and Communities of Practice. London: Springer: 179-198.

Willoughby T, Anderson S A, Wood E, et al. 2009. Fast searching for information on the Internet to use in a learning context: The impact of domain knowledge. Computers & Education, 52 (3): 640-648.

Winter S. 1998. Knowledge and competence as strategic assets. The Strategic Management of Intellectual Capital: 165-187.

Yli-Renko H E A E. 2001. Social capital, knowledge acquisition, and knowledge exploitation in young technology-based firms. Strategic Management Journal, 22 (6): 587-613.

Yooa S B, Yeongho K. 2002. Web-based knowledgemanagement for sharing product data in virtual enterprises. International Journal of Production Economics, 75 (1): 173-183.

Y. Dittrich M J J S. 2007. For the special issue on qualitative software engineering research. Information and Software Technology, 49 (6): 531-539.

Zander U, Kogut B. 1995. Knowledge and the speed of the transfer and imitation of organizational capabilities: An empirical test. Organization Science, 6 (1): 76-92.

Zhang Q H, Zhang Q P. 2011. Research on knowledge service system in open innovation environment,

2011. International Conference on Management and Service Science, Wuhan: 517-522.

Zhang Q H, Zhang Q P. 2012. Study on customer creativity knowledge acquisition based on context-knowledge ontology interaction for complex software. Journal of Convergence Information Technology, 7 (19): 77-85.

Zhang Z J. 2011. Customer knowledge management and the strategies of social software. Business Process Management Journal, 17 (1): 82-106.